Sarah Diefenbach
Daniel Ullrich

DIGITALE DEPRESSION

Sarah Diefenbach
Daniel Ullrich

DIGITALE DEPRESSION

Wie neue Medien unser Glücksempfinden verändern

mvgverlag

Bibliografische Information der Deutschen Nationalbibliothek:
Die Deutsche Nationalbibliothek verzeichnet diese Publikation in der Deutschen Nationalbibliografie; detaillierte bibliografische Daten sind im Internet über http://d-nb.de abrufbar.

Für Fragen und Anregungen:
info@mvg-verlag.de

Originalausgabe
1. Auflage 2016

Nymphenburger Straße 86
D-80636 München
Tel.: 089 651285-0
Fax: 089 652096

Redaktionelle Betreuung: Franz Kotteder, München
Redaktion: Antje Steinhäuser, München
Umschlaggestaltung: Verena Frensch, München
Umschlagabbildung: © Adina Huber, München
Satz: Carsten Klein, München
Druck: GGP Media GmbH, Pößneck
Printed in Germany

ISBN Print 978-3-86882-664-7
ISBN E-Book (PDF) 978-3-86415-924-4
ISBN E-Book (EPUB, Mobi) 978-3-86415-925-1

Weitere Informationen zum Verlag finden Sie unter

www.mvg-verlag.de
Beachten Sie auch unsere weiteren Verlage unter
www.muenchner-verlagsgruppe.de

INHALT

EINLEITUNG

Tobi ist über das Wochenende zu Besuch, wir haben uns ewig nicht gesehen. Doch die Wiedersehensfreude ist von kurzer Dauer. Seitdem sich seine Freundin per WhatsApp gemeldet hat, ist er faktisch nicht mehr bei uns. Er ist damit beschäftigt, Fotos zu machen, die er ihr schicken kann. Ihr zu berichten, was er gerade macht – oder machen würde, wäre er nicht ständig am Tippen. Während unseres Stadtspaziergangs haben Sehenswürdigkeiten keine Chance, das Display ist interessanter. Auch später in der Kneipe will kein intensiveres Gespräch in Gang kommen, denn der nächste Plington kommt garantiert. Wir sind genervt, Tobi wirkt gestresst, aber kann es andererseits auch nicht lassen. »Ich antworte nur kurz«, heißt es. Auf seine Antwort folgt ihre Antwort …
Am Sonntagabend reist Tobi wieder ab und war irgendwie gar nicht wirklich da. Aber aus dem Zug ruft er dann noch mal an – wie erfreulich, so viel haben wir das ganze Wochenende nicht geredet!

Schön, dass die Technik die Menschen heute überall miteinander verbindet. Nicht schön, dass sie gleichzeitig Menschen voneinander trennt. Tobis Freundin wollte vielleicht gar nicht stören. Ihr war nicht bewusst, dass sie durch ihre interessierten Nachfragen die Stimmung bei Tobi und seinen Gastgebern ziemlich vermiest. Vielleicht sogar Aggressionen ihr gegenüber entstehen lässt, bevor man sie jemals persönlich kennengelernt hat. Sie kann nichts dafür und Tobi wollte es auch nur richtig machen. Die Freundin teilhaben lassen. Und eine kleine Nachricht zwischendrin, so hat er vielleicht gedacht, stört ja auch nicht weiter. Dass es nicht bei einer Nachricht bleiben würde, dass ein oder zwei Telefonanrufe am Tag insgesamt viel weniger störend gewesen wären, war für ihn anscheinend nicht abzusehen. Dass sein Smartphone, das er beim Tippen auch noch in Augenhöhe hält, gleich als doppelte Barriere zum Gesprächspartner ziemlich respektlos wirkt, war ihm wahrscheinlich auch nicht bewusst. Es gibt wohl kein eindeutigeres Signal, dem Gesprächspartner Desinteresse zu signalisieren, als neben der offensichtlich gedanklichen Ablenkung auch noch den Blickkontakt unmöglich zu machen. Aber er selbst sieht sich ja nicht in dieser Haltung. Vielleicht hätten wir in der Situation ein Foto machen sollen, um es ihm aufs Handy zu schicken. Das wäre eventuell eine Chance gewesen, auch etwas Aufmerksamkeit zu bekommen.

Was müsste wohl passieren, damit wir wieder so unbeschwert wie früher mit Freunden zusammen sein können? Brauchen wir noch mehr Technik, um die Technik um uns herum zu kontrollieren? Vielleicht einen Störsender in der Hosentasche, um unsere Freunde zurück in die reale Welt zu holen? Oder müssen wir uns an die eigene Nase fassen, uns zu einem anderen Umgang mit Technik erziehen?

Uns allen geht es manchmal wie Tobi. Ohne böse Absicht rutscht man in Verhaltensweisen, die mehr Ärger als Freude stiften und auch dem eigenen Glück im Wege stehen. Technik begünstigt häufig ebensolche Verhaltensweisen: Dem digitalen Kommunikationspartner mehr Aufmerksamkeit zu schenken als den physisch anwesenden Mitmenschen. Zu verlernen, das Glück im Moment zu erleben und erst durch entsprechende Likes zu einem Post auf Facebook vermeintlich glücklich zu werden. Positive Gefühle von Fortschrittsbalken unserer Fitness-Gadgets abhängig zu machen, statt von unserem Vorankommen im realen Leben. Vor lauter Konzentration auf die Technik das eigene Glück aus den Augen zu verlieren.

Jeder Leser wird in diesem Buch solche »Glücksfallen« entdecken, in denen er das eigene Verhalten oder das seiner Mitmenschen wiedererkennt. Niemals durch Technik in Konflikte zu geraten, grenzt an ein unmögliches Kunststück angesichts der ständigen Präsenz von Technik und digitalen Medien in unserem Alltag.

Technik ist heute schließlich überall und immer dabei. Angefangen bei der elektrischen Zahnbürste über den Kaffee aus dem Vollautomaten und jederzeit abrufbare Ratschläge zu allen Lebenslagen per YouTube bis hin zur Überwachung der Trainingsfortschritte via Fitness-Armband, dabei immer die Kopfhörer auf den Ohren. Und auch der Austausch mit anderen läuft technikvermittelt. Kontakte knüpft man über Facebook, Instagram zeigt, wer ich wirklich bin – oder sein will. Via WhatsApp bleibt man immer in Verbindung mit Freunden und Familie, wer noch mehr News aus meinem Leben will, kann meinem Blog folgen. Soziale Medien sind auch ein Kanal für Kommunikation und Meinungsbildung in unserer Gesellschaft. Politiker twittern, Stars werden auf YouTube geboren, Prominente werden auf Facebook noch prominenter – oder schießen sich mit fragwürdigen Kommentaren selbst ins Aus. Es gibt viele Möglichkeiten, um das Leben aufregender, interaktiver, schneller, lauter, bunter zu machen – aber auch glücklicher?

Kritische Stimmen zur technischen Durchdringung unseres Alltags gibt es viele. Berechtigte Sorgen um Datenschutz und Privatsphäre beispielsweise. Sorgen um gesundheitliche Gefahren, wie die böse Handystrahlung oder den Mausarm. Oder auch Sorgen um die Degeneration unserer kognitiven Fähigkeiten, wie Manfred Spitzer sie in seinem Buch »Digitale Demenz« diskutiert.

Aber was ist damit, wie wir uns fühlen? Was ist mit der Glücksdimension? Ist nicht Glück alles, was zählt?

Natürlich, in manchen Fällen verrichtet Technik praktische Dienste, die Frage nach Glück steht nicht im Vordergrund. Das Glück ist in diesem Fall, dass es mit Technik einfacher geht als ohne. Ich bin froh, den Spüldienst an die Spülmaschine delegieren zu können; ich bin froh, mit dem Auto fahren zu können statt im Regen zu Fuß gehen zu müssen – auch hier ließe sich ja darüber diskutieren, ob ein Regenspaziergang nicht etwa auch glücklich machen könnte. In vielen Fällen aber ist die Ursprungsidee, dass Technik eine Bereicherung für unser Glück darstellt und eine wünschenswerte, zusätzliche Möglichkeit schafft. Facebook zum Beispiel. Ein Netzwerk, um in Kontakt zu bleiben, mitzubekommen, was passiert, kurz: um Freunde zu verbinden. Was, wenn nicht Glück, soll hier geschaffen werden? Warum sollte ich Facebook beitreten, wenn ich nicht glaube, dass mich dieser neue Kontaktkanal glücklich macht? Wie die in diesem Buch geschilderten Studienergebnisse und eigenen Alltagserfahrungen zeigen, kann das Glück durch die Technik oftmals beeinträchtigt werden. Bei allen Vorteilen und offensichtlichen Benefits werden auch bestimmte Potenziale, Glück zu erleben, zerstört – oft ohne dass man es merkt.

Ich will meine Freude teilen. Voller Stolz präsentiere ich meine erste selbst gebackene, leicht schiefe Geburtstagstorte meinen Freundinnen in der WhatsApp-Gruppe – und dann schickt mir meine liebe Bekannte ein Foto zurück: »Hihi, Torte backen, das habe ich letzte Woche auch mal versucht ...« Dazu ein Foto mit perfekter zehnstöckiger Torte. Hätte ich es doch bloß dabei belassen, die Torte meiner Familie beim Kaffeeklatsch zu präsentieren.

Ich kann auf Facebook Likes kassieren und mich gut fühlen. Aber die Likes können auch einfach ausbleiben, und ich fühle mich schlechter als zuvor. Ich kann auf WhatsApp sehen, dass mein Schwarm gerade online ist, aber ich kann auch sehen, dass er online ist und irgendjemandem schreibt – aber nicht mir!

Oftmals können wir uns der Technik ja gar nicht entziehen, schon der Arbeitsplatz verlangt in den allermeisten Fällen eine Allianz mit ihr. Gerade aber bei der freiwilligen Nutzung, auf die wir uns doch einlassen, weil wir glauben (oder einmal geglaubt haben), dass sie uns guttut, sollte das Gesamtergebnis am Ende auch stimmen. Mehr positive als negative Gefühle sollte die Bilanz ergeben. Implizit wird ja auch angenommen, dass dem so ist, sonst würde die Technik nicht so erfolgreich alle Lebensbereiche durchdringen. Würden wir um unser Glück fürchten, würden wir die Technik nicht derart widerstandslos in alle Nischen unseres Lebens hineinlassen. Im Gegenteil: Wir alle tun es freiwillig und geben darüber hinaus noch eine Menge Geld für allerlei Technik-Gadgets aus. Jedes Jahr wieder freut sich zu Weihnachten der Branchenverband Bitkom über Umsatzsteigerungen: Smartphones, Tablets und Wearables wie Smartwatches oder Fitnesstracker zählen zu den beliebtesten Gaben unter dem Weihnachtsbaum. Apple-Fans campieren vor den gläsernen Verkaufsstellen, sobald die neueste Generation ihres Smartphones oder Tablets verfügbar ist, um die begehrten Geräte als Erste in den Händen zu halten. Ist es etwa nicht das Glück pur, für das man hier Schlange steht?

Genau darum geht es: Tut es uns gut, was wir da tun?

Wir wollen an dieser Stelle bereits klarstellen, dass wir keine Technikfeinde sind. Wir wollen die Technik aus unserem Alltag nicht abschaffen und niemandem etwas wegnehmen. Es gibt viele wunderbare Erlebnisse, die erst durch Technik möglich werden: Kinoabende, Motorradtrips, mit Menschen quer über den Globus telefonieren und vieles, vieles mehr. Wir wollen hier aber bewusst den Blick auf paradoxe Phänomene richten – Fälle, in denen die Nutzung der Technik über das ursprüngliche Ziel hinausschießt, und unser Glück gefährdet.

WO IST DER GLÜCKSSCHUTZBEAUFTRAGTE?

Egal, ob es um die Laptops im Klassenzimmer geht, die kontaktlose Zahlung via Smartphone oder andere technische Neuerungen. Im Zentrum der Diskussion über gut oder schlecht stehen oft Effektivität (können die Schüler ohne die gute alte Tafel noch richtig lernen?) und Sicherheit (welche Datenspuren hinterlasse ich beim Einkauf?), aber seltener subjektive Empfindungen und die Konsequenzen daraus. Anders als der Datenschutz lässt sich Glück auch weniger leicht objektivieren oder durch Vorgaben und Regularien schützen. Vielleicht ist das der Grund dafür, dass die Bundesregierung noch keinen Glücksschutzbeauftragten ernannt hat. Gut möglich auch, dass der Beauftragte mit dieser verantwortungsvollen Aufgabe schnell überfordert wäre. Denn so banal die Glücksfrage erscheinen mag, so komplex sind doch die dahinterstehenden psychologischen Mechanismen, und so schwer fällt die Bewertung. Unverständlich bleibt dennoch, dass das Glück bei der Nutzung von Technik und neuen Medien bislang so wenig beachtet wird, wenn man die Relevanz bedenkt.

Ein glückliches Leben führen, das ist doch, worum es uns am Ende allen geht. Und worum es auch der Gesellschaft gehen sollte – man sieht das daran, wie oft ein Schulfach »Glück« gefordert wird. Herausfinden, was uns glücklich macht und was wir für unser Glück tun können, ist eine der kompliziertesten Aufgaben im Leben. Aber es lohnt sich. Es tut den Glücklichen und auch der Gesellschaft gut. Beispielsweise verursachen glückliche Menschen seltener Verkehrsunfälle[1], sind hilfsbereiter, großzügiger[2], leben gesünder[3] und arbeiten effizienter[4]. Bedenkt man die vielen positiven Nebeneffekte des Glücklichseins, lässt sich Glück nicht nur als individualpsychologisches, sondern auch als gesellschaftspolitisches Ziel begreifen[5].

Umso wichtiger scheint es zu sein, die Glücksdimension auch in unserem alltäglichen Umgang mit Technik und neuen Medien genauer zu beleuchten. Auch hier rücken nun Forschungsfragen zu Wohlbefinden und Glücklichsein langsam in den Vordergrund – mit insgesamt eher besorgniserregenden Einblicken: Facebook beispielsweise ist gerade für Personen mit geringem Selbstbewusstsein alles andere als ein Heilsbringer, dies ergab vor Kurzem eine Studie zum Einfluss sozialer Netzwerke auf Glück und Wohlbefinden[6]. Wie allgemein bekannt, ist Facebook neben einem Netzwerk zur Kontaktpflege für viele vor allem eine Möglichkeit zur Selbstdarstellung. Gerade Personen mit geringem Selbstbewusstsein nutzen sie gerne – und ernten dabei aber vorrangig negatives Feedback. Die erhoffte Bestätigung bleibt aus, am Ende sind sie noch weniger glücklich

---

1 Kirkcaldy, B., & Furnham, A. (2000). Positive affectivity, psychological well-being, accident-and traffic-deaths and suicide: An international comparison. Studia Psychologica, 42, 97–104.

2 Bucher, A. A. (2009). Psychologie des Glücks. Beltz.

3 Post, S. G. (2005). Altruism, happiness, and health: It's good to be good. International Journal of Behavioral Medicine, 12(2), 66–77.

4 Staw, B. M., Sutton, R. I., & Pelled, L. H. (1994). Employee positive emotion and favorable outcomes at the workplace. Organization Science, 5(1), 51–71.

5 Veenhoven, R. (2004). Happiness as an aim in public policy. In A. Linley & S. Joseph (Hrsg.): Positive Psychology in Practice. New York: John Wiley & Sons, 658–678.

6 Brooks, S. (2015). Does personal social media usage affect efficiency and well-being? Computers in Human Behavior, 46, 26–37.

als vorher. Der Schuss ging nach hinten los, kann man da nur sagen. Eine vielleicht gut gemeinte Idee – Technik als Mittel zur Vernetzung und Raum für positive Kommunikation – kann sich schnell einmal ins Gegenteil verkehren. Die realen Konsequenzen sehen oft ganz anders aus als in der Werbung.

In ihrem Plädoyer für Medienbildung im Sächsischen Landtag im April 2015 postulierte die Grünen-Abgeordnete Claudia Maicher, dass Technik an sich nicht gut oder schlecht sein kann. Entscheidend ist der Umgang des Menschen mit der Technik. Gerade Kinder und Jugendliche sollen laut Maicher dabei unterstützt werden. Da hat sie nicht ganz unrecht. Der Umgang mit Technik spielt eine wichtige Rolle, fraglich bleibt aber, wie eine angemessene Unterstützung für Jugendliche aussehen könnte. Nimmt man das konkrete Beispiel der Facebook-Studie, ist es natürlich schwierig zu sagen, was man wenig selbstbewussten, bestätigungshungrigen Jugendlichen nun mitgeben sollte: Wie man sich selbst möglichst positiv darstellt etwa? Oder soll man sie ganz von Facebook fernhalten? Wichtig ist zumindest zu vermitteln, welche Herausforderungen der Eintritt in soziale Netzwerke mit sich bringt: Man muss aufpassen, dass man es nicht der Technik überlässt, wann man glücklich oder unglücklich ist. Ungeachtet dessen, ob Technik die »Kompetenz« hat, das zu entscheiden, lassen wir allzu schnell Facebook oder Instagram bestimmen, ob heute ein guter oder ein schlechter Tag wird.

TECHNIK ALS ENTSCHEIDER ÜBER GLÜCK UND UNGLÜCK

Die Technik schafft die Grenzen, innerhalb derer wir uns bewegen können. Die Rahmenbedingungen der Technik bestimmen, was erlaubt ist, und unserer Meinung nach lassen sich hierbei auch gut und schlecht unterscheiden. Insofern können wir der Politikerin Maicher doch nicht ganz zustimmen, wenn sie sagt, es gebe keine per se gute oder schlechte Technik und allein der Umgang damit sei entscheidend: Es finden sich im Internet Webseiten, in denen man Sexvideos seiner Expartner hochladen kann, um sie bloßzustellen. Es existieren Denunziationsplattformen, auf denen man Menschen anonym und ungeprüft beschuldigen kann, Straftaten begangen zu haben. Bei solchen Plattformen ist nur schwer vorstellbar, wie eine Gesellschaft sie seriös, geschweige denn »gut« nutzen könnte. Der Kontext und die Handlungsmöglichkeit, die die Technik hier vorgibt, lassen einen solchen Umgang mit ihnen praktisch nicht zu. Der Nutzer kann hier nichts mehr retten, die Weichen wurden bereits mit der Entscheidung gestellt, bestimmte Technologien zu entwickeln und sie den Menschen zur Verfügung zu stellen.

Smarte Technik ist nicht immer wirklich smart. Technik stellt Möglichkeiten bereit, aber ohne zu prüfen, ob diese uns wirklich weiterbringen. Denn gut gemeinte Unterstützung beraubt uns oftmals auch unserer Fähigkeiten. Wir verlernen es, ohne Technik zu funktionieren. Das beginnt bei den kleinen Hilfen im Alltag – das Navigationssystem, die Word-Autokorrektur. Ich fahre zehnmal die gleiche Strecke (mit Navi) und kenne den Weg immer noch nicht. Den Schreibfehler, den mir Word automatisch korrigiert, nehme ich gar nicht wahr. Meine Finger lernen, Wörter falsch zu schreiben, ein fehlerhaftes motorisches Programm wird gespeichert. Fähigkeiten, auf die ich früher stolz sein konnte, spielen heute keine Rolle mehr: Bevor ich, dank meiner guten Allgemeinbildung, meinem Gesprächspartner erläutern könnte, was der Talkshow-Gast wohl mit »konstruktivistische Perspektive« meinen könnte, erklärt mir mein Kumpel schon, was Wikipedia dazu sagt. Bevor ich, ganz Pfadfinder, meinen Freunden anhand des Sonnenstands sagen kann, ob wir von der U-Bahnhaltestelle aus nun rechts oder links laufen müssen, um das gesuchte Restaurant zu finden, quäkt es aus dem Smartphone neben mir schon: »Das Ziel liegt in 300 Metern rechts vor Ihnen.« Matthias Laschke und Kollegen – ein Forscherteam aus Designern und Psychologen – haben die Auswirkungen solcher Smart Technologies auf unseren Alltag näher beleuchtet. In ihrem Artikel »Raus aus der Komfortzone: Smarter als Smart Technologies« (2014) kommen sie zu dem Schluss: »Je komfortabler Produkte und Dienstleistungen werden, umso weniger denken Nutzer über die Folgen der Nutzung nach [...] letztendlich haben die ›smarten‹ Produkte das Potenzial ›dumb users‹ hervorzubringen.«

Die obigen Beispiele zeigen den permanenten Einfluss der Technik und ihrer Seiteneffekte auf unser Handeln. Ständig formt Technik unser Denken und Tun, oftmals ohne dass wir es mitbekommen. Und wie die motorischen Programme ändern sich auch die Glücksprogramme in unserem Gehirn. Wenn wir nicht aufpassen, beraubt uns Technik auch der Fähigkeit, Glück direkt zu empfinden. Schaut man sich die Aktivitäten in den sozialen Netzwerken, Videoportalen und Blogs an, dann sieht es in den Köpfen vieler Menschen wohl so aus: Was ist eine Wandertour noch wert, wenn der Ausblick nicht mit Followern und Friends geteilt wird? Was ist ein perfektes Menü, das nicht abgelichtet wurde? Was eine Party, wenn die Ausgelassenheit und Lebensfreude nicht in einem kleinen Videoclip dokumentiert wird? Auch eine Radtour, die nicht getrackt wurde, hat faktisch nicht stattgefunden. So gut das Essen schmecken mag, so schön der Sonnenuntergang ist, so beeindruckend die Natur – richtig genießen kann man dies erst, wenn der Moment mit anderen online geteilt wird – und wenn man dann auch noch die entsprechenden Likes kassiert!

Digitale Aufbereitung eines Glücksmoments (Maridav/Fotolia.com)

Statt um den Moment im Hier und Jetzt dreht sich alles um die Aufbereitung des Moments für die Online-Welt. Unser persönliches Glück geben wir damit ein Stück weit aus der Hand. Statt meiner selbst entscheidet das Internet, wie bedeutsam mein Sonnenuntergangs-Moment ist. Blöd nur, dass mein Sonnenuntergang hier in Konkurrenz steht zu Tausenden anderen noch perfekter in Szene gesetzten Sonnenuntergängen. Plötzlich ist mein persönlicher Glücksmoment nur noch banal.

Entwertung des persönlichen Glücksmoments (oben links) durch vielfache Konkurrenz in der digitalen Welt

DIE GEISTER, DIE ICH RIEF ... FACEBOOK ALS FRUSTRATIONSMASCHINE

Und schlimmer noch, Facebook und andere soziale Netzwerke zeigen mir vielleicht auch Dinge, die mir gar nicht guttun, die vielleicht ein Nährboden für bohrende Eifersucht sind. Frisch verliebt stöbert man durch das Profil des möglichen neuen Partners – und zu sehen bekommt man womöglich erst mal Tausende Fotos mit der Exfreundin aus glücklichen Tagen. Oder aber – eine persönliche Erfahrung noch aus StudiVZ-Tagen – die Schulfreundin, die auf meine Nachricht nicht reagiert, ist seit meiner Mail sehr wohl online gewesen! Schlimmer noch, sie hat sich sogar mit einer Bekannten getroffen, die ich auch kenne, und ihr einen netten Gruß auf der Pinnwand hinterlassen: »... Ach, war das ein toller Abend gestern, bald wieder, kussi!« Ich fühle mich ausgeschlossen von der Welt. Na danke, ***get frustrated with Facebook***.

Diese Erfahrung deckt sich auch mit wissenschaftlichen Studien. Die Motivation zur Nutzung ist ein Stimmungs-Boost: Nutzer erwarten, dass es ihnen nach dem Besuch auf der Plattform besser gehen wird. Tatsächlich geht es ihnen aber schlechter. Je länger man dort verweilt, umso mehr sinkt die Stimmung[7]. Der Besuch auf Facebook führt zu Stress und weniger Selbstwertgefühl[8], positive Posts anderer erzeugen Neid[9], wer sich einsam fühlt und im Internet Hilfe sucht, fühlt sich am Ende noch einsamer[10].

Wir wollen natürlich nicht abstreiten, dass viele Leute auch positive Erlebnisse auf Facebook haben. Aber viele eben auch nicht. Ohne es zu merken, schlagen sie Wege ein, die ihnen nicht guttun. Facebook wird zum Glücksspielautomaten, jedes Mal glaubt man wieder, heute könnte es ein Gewinn sein. So

---

7 Sagioglou, C., & Greitemeyer, T. (2014). Facebook's emotional consequences: Why Facebook causes a decrease in mood and why people still use it. Computers in Human Behavior, 35, 359–363.

8 Chen, W., & Lee, K. H. (2013). Sharing, liking, commenting, and distressed? The pathway between Facebook interaction and psychological distress. Cyberpsychology, Behavior, and Social Networking, 16(10), 728–734.

9 Lin, R., & Utz, S. (2015). The emotional responses of browsing Facebook: Happiness, envy, and the role of tie strength. Computers in Human Behavior, 52, 29–38.

10 Kim, J., LaRose, R., & Peng, W. (2009). Loneliness as the cause and the effect of problematic Internet use: The relationship between Internet use and psychological well-being. CyberPsychology & Behavior, 12(4), 451–455.

wird Facebook zur Frustrationsmaschine, zum Abo für negatives Feedback und Zeitverschwendung.

Aber zum Glück hilft auch hier die Community weiter: Unter der Überschrift »Frustrated with Facebook? 5 Tips to Reclaim Your Sanity« gibt die Bloggerin Briallyn Smith im April 2015 wertvolle Hinweise. Beispielsweise einen Hinweis auf die unfollow-Option – eine abgemilderte Variante der unfriend-Option –, durch die es sich vermeiden lässt, tagtäglich zu verfolgen, wie wunderbar erfolgreich das Leben der Klassenkameraden verläuft, mit denen man schon zu Schulzeiten nicht viel anfangen konnte. Der wichtigste Hinweis aber folgt am Ende des Artikels: auf keinen Fall solle man in Erwägung ziehen, Facebook zu verlassen. Das Löschen des Facebook-Accounts könnte zu signifikanten persönlichen und beruflichen Nachteilen führen. Schade, es hätte so einfach sein können. Eine schwierige Welt, in der wir leben.

TOTALE ÜBERFORDERUNG BEI UNBEGRENZTEN MÖGLICHKEITEN

Warum eigentlich ist es so kompliziert geworden, sein Glück zu behaupten? Technik ist in unserem Alltag doch kein neues Phänomen. Aber die Konsequenzen sind weitaus vielfältiger als noch vor einigen Jahren und die sich überlagernden Effekte für unser Denken, Fühlen, Tun und soziales Miteinander kaum mehr zu überblicken. Schon mit dem Einzug des Fernsehers in die Wohnzimmer machten sich viele Leute große Sorgen. Bereits 1957 kritisierte der Soziologe Arnold Gehlen das Fernsehen als »Erfahrung aus zweiter Hand«, bei der mediale Meldungen zunehmend an die Stelle von realen Erlebnissen treten. Zahlreiche medienkritische Werke wie beispielsweise »Die Droge im Wohnzimmer« (Marie Winn, 1979) oder »Schafft das Fernsehen ab! Eine Streitschrift gegen das Leben aus zweiter Hand«

(Jerry Mander, 1979) folgten. Mit dem Einzug der Computer in die Wohnzimmer in den Achtzigerjahren wurde gar »Das allmähliche Verschwinden der Wirklichkeit« (Hartmut von Hentig, 1985) befürchtet, und schließlich, mit der immer stärker expandierenden Medienumwelt in den Neunzigerjahren, der Verbreitung von Mobiltelefonen und Internet, die Feststellung: »Die neuen Medien machen uns krank« (Werner Glogauer, 1999).

Allerdings dachte Glogauer damals wohl noch nicht an die inflationäre Entwertung von Sonnenuntergängen, an Minderwertigkeitsgefühle durch Facebook oder Beziehungsdramen wegen Statusanzeigen in Chats. Was ihn beunruhigte waren vorrangig körperliche Beeinträchtigungen durch Bildschirmarbeit und Elektrosmog, oder auch gesellschaftliche Konsequenzen wie der (behauptete) Anstieg von Drogenhandel und Prostitution durch die Mobiltelefone.

Trotz aller Kritik und Gefahren: Was die Effekte für das kleine Glück auf persönlicher Ebene angeht, waren die Auswirkungen der Technik damals noch vergleichsweise einfach zu überblicken. Es ging ja um Inhalte und das Zeitinvestment. Es ging darum, wie viel Fernsehkonsum oder Tetris spielen mir oder meinem Kind guttut, welchen Inhalten ich mich dabei aussetze, wie viel Zeit ich dem widmen möchte und was ich stattdessen sonst tun könnte. Freunde treffen zum Beispiel, Sport treiben oder andere »sinnvolle« Dinge. Dabei war der Umgang mit der Technik damals noch ziemlich eindimensional: Man beschäftigte sich damit und war dabei oft allein und ungestört.

Was Technik heute aber so interessant und herausfordernd macht, ist die interaktive Komponente. Im Austausch mit anderen sein, das Programm mitgestalten, Rückmeldung erfahren. Aus einseitigem Konsum ist wechselseitige Interaktion in viele, kaum überblickbare Richtungen geworden. Internet-User erfahren oft mehr Rückmeldung als ihnen lieb ist, die sogenannten Shitstorms. Oder sie sind sich gar nicht bewusst, von wie vielen Leuten das gelesen wird, was sie da fabrizieren. Wundern sich, wenn sie sich plötzlich für spaßige Facebook-Posts vor dem Arbeitgeber rechtfertigen müssen oder tausend Leute statt zwanzig zur Party kommen.

Jedes System wird viel komplexer, sobald es nicht mehr nur eine Richtung gibt. Dann vervielfältigen sich die Möglichkeiten der Teilnahme und des Berühmtwerdens – aber auch die Möglichkeiten, in Dinge hineinzurutschen, die man so nie gewollt hatte. Hinzukommt natürlich, dass sämtliche Lebensbereiche betroffen sind. Unsere Welt verspricht so viele Möglichkeiten für neues Glück: *Get connected with Facebook*. Erreiche die beste Form deines Lebens mit Freeletics. *Be a star on Youtube*. *Get rich with blogging*. Natürlich wollen wir uns das nicht entgehen lassen! Schlau sein, die grenzenlosen Möglichkeiten der modernen Medien ausschöpfen, das Glück maximieren – oder es verlieren.

Moderne Glücksbotschaften (Quelle: Freeletics.com)

PHILOSOPHIE DER TECHNIKGESTALTUNG – VOM WERKZEUG ZUM »WELL-BEING«

Die Idee, Technik als Weg zu Glück und Wohlbefinden zu begreifen, ist noch relativ neu. Lange Zeit wurde Technik recht pragmatisch betrachtet: als ein Hilfsmittel, um komplexe Prozesse zu automatisieren und unseren Alltag zu vereinfachen. Spülmaschine statt Abspülen. Waschmaschine statt mühevolles Schrubben am Waschbrett. Alles muss möglichst schnell gehen, idealerweise mit einem einzigen Knopfdruck – Effizienz lautete jahrelang die einzige Maxime.

Wenn man nun den Anspruch dazunimmt, Technik so menschengerecht zu gestalten, dass sie Glück und persönliche Erfüllung verspricht, wird es sehr viel komplizierter. Es sind nicht nur zusätzliche Ansprüche, die es zu berücksichtigen gilt. Die Effizienz-Maxime und die Glücks-Maxime stehen häufig sogar im Konflikt miteinander. Wer überall die Maxime der Hochgeschwindigkeit und des kühlen Funktionierens anlegt, verliert den Genuss aus dem Blick. Effizientes Genießen gibt es nicht.

Das Problem sind natürlich nicht die lästigen Aufgaben des Alltags, die man sich gerne von der Technik abnehmen lässt. Wir wollen aus dem Abwasch ja kein genussvolles Event machen. Aber ehe man sich versieht, hat man mehr an die effiziente Technik abgegeben, als eigentlich gut wäre. Manche Fälle sind offensichtlich. Wenn jemand nur noch dem Navi folgt und dann samt Auto im Fluss landet, ist es wohl offensichtlich, dass das Technikvertrauen zu weit ging.

Aber wie ist es beispielsweise bei der Kaffeezubereitung – ein Ritual, das in Tausenden Haushalten täglich stattfindet –, wie viel sollten wir uns hier von der Technik abnehmen lassen? Dank immer besserer Kaffeemaschinen reicht in der Regel ein einziger Knopfdruck aus, um den vermeintlich perfekten Kaffee zu erhalten. Allerdings wird die Zubereitung dadurch auch zu einer profanen Handlung, was viele auf den ersten Blick nicht einmal stören wird. Kaffee auf Knopfdruck? Ist doch toll! Eine Studie ging 2014 der Frage nach, ob dies tatsächlich uneingeschränkt »toll« ist: Forscher des Fachbereichs Industrial Design an der Folkwang Universität Essen[11] verglichen, welche Emotionen bei der altertümlichen Kaffeezubereitung mittels Espressokocher auf der Herdplatte entstehen und welche beim Tastendruck auf den modernen Vollautomaten. Die Ergebnisse zeigen deutlich, womit man die Automatisierung bezahlt: die Knopfdruck-Zubereitung lenkt den Fokus auf das Ergebnis, die Zeit, bis man den Kaffee trinken kann, wird zur sinnlosen Wartezeit. Das Kaffeekochen von Hand macht glücklicher. Dies liegt vor allem daran, dass man dabei die eigene Kompetenz erlebt, man fühlt sich am Prozess beteiligt und ist stolz auf »seinen« Kaffee. Wir nutzen Technik eben nicht nur, um etwas einfacher zu haben. Auch psychologische Bedürfnisse wie Kompetenz und Gefühle wie Stolz spielen eine Rolle. Das zeigte sich auch deutlich an den Protesten unter Technik-Fans bei der standardmäßigen Einführung grafischer Benutzeroberflächen in den Neunzigerjahren. »Jeder Depp«, hieß es, könne jetzt Windows bedienen, jahrelang erlernte DOS-Befehle waren plötzlich unwichtig.

Beispiele wie diese lassen die Fortschritte der Technik in einer neuen Perspektive erscheinen. Wieder einmal zeigt sich: Man muss gar nicht erst nach Gefahren für Gesundheit oder Datenschutz durch technische Neuerung suchen, schon die Frage nach dem psychologischen Wert einer Tätigkeit stellt so manchen »Fortschritt« in Frage. Unsere Antwort ist natürlich nicht, auf technischen Fortschritt zu verzichten, zurück zu den Espressokochern auf der Herdplatte, zurück zur Kommandozeilen-Eingabe. In der Kaffee-Studie wurden beispielsweise mögliche geschmackliche Unterschiede gar nicht beleuchtet, auch die zu hohe Brühtemperatur und der Energieverbrauch der Herdplatten-Geräte sollte man bedenken.

---

11 Hassenzahl, M., & Klapperich, H. (2014). Convenient, clean, and efficient?: the experiential costs of everyday automation. In Proceedings of the 8th Nordic Conference on Human-Computer Interaction: Fun, Fast, Foundational. ACM Press, 21–30.

Was wir uns vielmehr wünschen ist, dass Hersteller nicht nur die Vorteile, sondern auch die Verluste durch technische Neuerungen betrachten. Dass Hersteller ihre Kunden ernst nehmen und nach Wegen suchen, wie man das Lastige ersetzen kann, aber auch das Gute an der bisherigen Lösung bewahren. Im Falle der Kaffeezubereitung könnte dies eine moderne Siebträgermaschine mit vielen Einstellmöglichkeiten sein: Hier kann jeder mit der Standardeinstellung einen Kaffee zubereiten, und wahre Liebhaber können die Funktionen voll ausreizen und den Kaffeegenuss bereits bei der Produktion beginnen lassen.

Der unschuldige Knopfdruck auf den Kaffeevollautomaten als Angriff auf unser Glück mag manch einem ein wenig weit hergeholt erscheinen. Tatsächlich ist es auch nicht die Methode der Kaffeezubereitung, in der wir aktuell die größten Gefahren für unser Glück sehen. Aber sie ist ein gutes Beispiel für die oftmals unbemerkten Neben- und Zusatzeffekte moderner Technik – und bis zu welcher Ebene die Überlegungen gehen müssten, wenn man sich wirklich zum Ziel setzt, Technik für den Benutzer zu gestalten, wie es das sogenannte »User Centered Design« vorsieht.

In noch extremerer Weise verdeutlicht dies die Philosophie der Technikgestaltung, die sich am Wohlbefinden orientiert. Ansätze wie ***Positive Design*** (Desmet & Pohlmeyer, 2013) oder ***Experience Design*** (Hassenzahl, 2010) nehmen das positive Erlebnis zum Ausgangspunkt für Designentscheidungen. Die Lösungen sind oft ungewöhnlich, manch einer würde vielleicht auch sagen provokativ. ***Slow Design*** (Fuad-Luke, 2002) beispielsweise will Prozesse absichtlich verlangsamen, dem Nutzer Einblick, Beteiligung und Reflexion ermöglichen. Der Saftbereiter JuicyMo, entwickelt von der Designerin Barbara Große-Hering, ermöglicht dies durch ein transparentes Gehäuse, das es dem Nutzer erlaubt, die einzelnen Schritte des Entsaftungsprozesses nachzuvollziehen. Transparent wird das Gehäuse allerdings erst, wenn das Gerät eingeschaltet wird, möglich macht dies die sogenannte »E-Skin-Technology«. Zuvor präsentiert es sich als ästhetisches Designobjekt in klassischem Weiß – dies soll vermeiden, dass JuicyMo wie viele andere »hässliche« Küchengeräte im Schrank verschwindet und letztendlich kaum genutzt wird. Weitere Special-Features sind die Doppelsieb-Technologie zur Dosierung des gewünschten Maßes an Fruchtfleisch im Saft sowie das »Second-Life-for-Pulp«-Konzept, wodurch die Designerin einen Beitrag zur Nachhaltigkeit leisten möchte. Das im Sammelbehälter aus Kork anfallende Rest-Fruchtfleisch kann der Nutzer weiterverarbeiten, beispielsweise lässt sich aus gedörrtem Fruchtfleisch Brot backen.

JuicyMo (Große-Hering, 2013)

Ziemlich viele Gedanken um ein Glas Saft? Auch die Frage, ob JuicyMo tatsächlich Glück in unser Leben bringt, ist noch unbeantwortet. Was das Beispiel aber zeigt, sind die vielen Bedürfnisse, die es zu beachten gilt, wenn man Technik für Menschen gestaltet. Selbst wenn es um einfache Alltagsaufgaben wie die

Zubereitung von Saft oder Kaffee geht: Eine Maxime wie Effizienz, die sich in vielen Bereichen als sinnvoll erwiesen hat, macht bei der Kaffeezubereitung auch vieles kaputt. Damit ein Saftbereiter uns zu gesünderen Menschen macht, muss er gut aussehen. Nur dann wird er auch benützt.

Wie kompliziert wird es da erst, wenn es um interaktive Produkte wie Facebook oder WhatsApp geht, die mich nicht nur permanent im Alltag begleiten, sondern auch meine Interaktion mit anderen bestimmen. Auch die aufgeführten Studienergebnisse zu den möglichen negativen Auswirkungen von Facebook und Co zeigen es: Technik so zu gestalten, dass sie die Menschen wirklich glücklich macht, ist tatsächlich eine große Herausforderung. Technikgestaltung kann sich gar nicht genug Gedanken über das Wohl des Nutzers machen.

Abseits von Forschungskonzepten ist davon jedoch leider oft nicht viel zu erkennen. Anscheinend sind den Herstellern die Bedürfnisse der Nutzer nicht wichtig genug. Oder aber, die Nutzerforschung stellt die falschen Fragen, und die wahren Bedürfnisse gehen unter. Beides ist fatal, gerade in Hinblick auf die steigenden Auswirkungen von Technik auf unsere Gesellschaft.

WARUM DER KAMPF UMS GLÜCK JETZT RICHTIG LOSGEHT

Der Einzug der Technik in alle Lebensbereiche und das hohe Maß an Interaktivität führen dazu, dass auch die Auswirkungen auf unser Glück immer deutlicher und allgegenwärtiger werden. Dazu kommt, dass Technik zu einem Medium geworden ist, dem sich die breite Masse aussetzt, und damit das technikbestimmte Glücksempfinden zu einem Massenphänomen. Dadurch werden die Überlegungen, die wir hier anstellen, so relevant. Früher hatte der viel Technik, der sich mit Technik auskannte.

Einen Computer besitzen, hieß auch programmieren können. Und sich ungefähr vorstellen können, wie das alles funktioniert und welchen Effekt meine Eingaben haben. Heute bedeutet es gar nichts mehr, ein ganzes Arsenal an technischen Geräten zu besitzen. Der Umgang mit ihnen ist so einfach geworden, dass es jeder kann, ohne sie verstehen zu müssen. Wahres Technik-Verständnis (Technik-Nerds) und Technik-Besitz (auch alle anderen) klaffen heute immer weiter auseinander.

Durch die immense Verbreitung hat die Technik natürlich ganz andere Macht, unsere Gesellschaft zu formen, und ebnet den Weg für viele seltsame Phänomene in unserem Alltag: etwa, dem gegenübersitzenden »Gesprächspartner« eine Nachricht aufs Handy zu schicken, um endlich wieder seine Aufmerksamkeit zu bekommen. Oder bei nicht ganz idealen Wetterverhältnissen lieber aufs Joggen zu verzichten: Der Gegenwind könnte mir den Schnitt in meiner Fitness-App versauen.

Viele dieser Phänomene sind im Kern nicht neu. Auch ganz ohne Technik gab es schon rücksichtsloses Verhalten, Egozentrismus, Neid und Eifersucht oder die Tendenz, sich stärker an letztendlich bedeutungslosen Zahlen statt an den eigenen Gefühlen zu orientieren. Aber Technik wirkt als zusätzlicher Katalysator, sie verstärkt die Effekte. Wer vorher schon parallel zum Gespräch die Zeitung durchgeblättert hat, legt das Smartphone gar nicht mehr zur Seite. Wer den Bekanntenkreis schon zu Zeiten der Analog-Fotografie mit ausführlichen Erläuterungen beim gemeinsamen Betrachten der Urlaubsfotos unterhalten hat (ein bis zwei Filme), kann heute mühelos mehrstündige Vorträge dazu halten (auf so ein iPhone passen Tausende Fotos ...). Auch intime Momente werden erst dann richtig schön, wenn das Smartphone dabei war.

Nur wir beide – und das Smartphone (Jushua Resnick/Fotolia.com)

Technik schafft eine Bühne für diese Verhaltensweisen, stellt bestimmte Weichen, macht es leichter, das Glück zu sabotieren. Umso wichtiger wird es, hier einmal innezuhalten.

UNSERE GLÜCKSDEFINITION UND MOTIVATION

Unsere Verwendung des Glücksbegriffs in diesem Buch folgt keiner bestimmten wissenschaftlichen oder philosophischen Definition. Im Fokus unserer Betrachtungen stehen die Auswirkungen moderner Technik auf unser Empfinden in verschiedenen Situationen des Alltags. »Glück« ist hierbei ein Sammelbegriff, um die Effekte der Technik zu beleuchten, was unsere ganz persönlichen Gefühle angeht. Mit »Glücksmomenten« meinen wir »positive Momente, die uns guttun«. Uns geht es um die Frage: Hilft uns Technik, so zu fühlen, wie wir uns fühlen wollen? Macht Technik sozusagen einen guten Job? Oder führt Technik uns auf Abwege, bringt sie uns in Situationen, in denen wir uns von unseren eigentlichen Idealen entfernen, Dinge, die uns einmal wichtig waren, aus den Augen zu verlieren? Vereinfacht gesagt: Wann unterstützt Technik Momente von Glück und Unglück, und was können wir tun, um die Technik so zu nutzen, dass sie uns eher guttut als uns schadet?

Wichtig ist uns, dass bei unserem Verständnis von Glück die subjektive Komponente im Vordergrund steht: Ich bewerte selbst, ob und inwiefern ich mich in einer Situation wohlfühle. Ich brauche keine äußere Instanz, die mir vorgibt und mir sagt, wie ich wann zu fühlen habe. Ratgeber, die versuchen, einen äußeren Wertemaßstab auf andere Menschen zu übertragen, gibt es genug. Wir möchten aber zur Reflexion und Rückbesinnung auf das Glück anregen, von Fall zu Fall die Frage stellen: Schafft die Technik tatsächlich die guten Gefühle, die sie verspricht?

In unserer persönlichen Forschung interessieren wir uns vorrangig für die positiven Möglichkeiten durch Technik. Beispielsweise untersuchen wir, wie Roboter als soziale Agenten Kinder die Wartezeit in der Arztpraxis erleichtern können oder wie Technologien gestaltet sein müssen, um Menschen bei der Erreichung persönlicher Ziele zu unterstützen, wie sie ein hilfreicher »Coach« sein können. Psychologische Prinzipien bieten viele Ansätze für positive Technikgestaltung – und als Folge davon für positive, bedeutungsvolle Erlebnisse. Produktkonzepte zeigen, wie sich im Prinzip jedes Bedürfnis, das die Menschen haben, durch Technik unterstützen lässt. Ein Beispiel wäre das gemeinsame Musikhören auf Partys und das Bedürfnis nach guter Stimmung und Verbundenheit unter den Partygästen. Leider wird die musikalische Beschallung der eigenen vier Wände häufig zur lästigen Pflicht des Gastgebers. Als hätte man nicht schon genug zu tun, soll man nun noch passende Songs raussuchen, die den Geschmack aller Gäste treffen. Das klappt selten. Es gibt Gemurre und Gemecker, die Gäste greifen ein, klicken sich lustlos durch die liebevoll erstellte Playlist, kein Song wird komplett gehört, es entsteht keine gute

Stimmung. Die Antwort der Designerin Eva Lenz ist Mo, ein sozialer Musikplayer: Mit Mo leisten alle Gäste einen Beitrag zur Musik. Jeder bringt auf seinem persönlichen Mo die eigenen Lieblingssongs mit. Wenn die Mos an einem Ort zusammentreffen, werden sie zum kombinierten Lautsprechersystem und spielen eine zufällige Playlist der Songs aller Partygäste. Zugunsten des sozialen Erlebens verzichtet Mo auf einige Features üblicher Musikplayer: Mo hat kein Display – stattdessen fragt man einfach in die Runde: »Hey, der Song ist cool, wer hat den mitgebracht?« Auch einen Skip-Button, um zum nächsten Song zu springen, gibt es nicht. Den Lieblingssong eines anderen wegzudrücken wäre unhöflich und würde die Stimmung trüben –, stattdessen kann man vorhören und Musikwünsche abgeben und so einen Song nach oben in die Playlist schieben. Die Entwicklung solcher Konzepte ist jedoch aufwändig und erfordert intensive Feldforschung. Man muss die Zielgruppe, ihre Bedürfnisse und ihre Umgebung wirklich kennenlernen, um darüber Einblicke zu erlangen, welche Funktionen Technik bereitstellen sollte, um ein möglichst positives Erlebnis zu schaffen. Und es braucht Mut und Offenheit für die Umsetzung kreativer Lösungen.

Mo, ein sozialer Musikplayer (Eva Lenz)

Das ist aber nicht der Alltag, den wir erleben. Hier sind wir mit den interaktiven Produkten des Massenmarkts konfrontiert.

Selten ist die Technik so gestaltet, dass sich das positive Potenzial automatisch entfaltet – im Gegenteil. Gerade im Bereich der Consumer Technology – Produkte, die dazu da sind, ihrem Nutzer Freude zu bereiten – kommt es immer häufiger zu einem Punkt, an dem Technik keinen Spaß mehr macht.

Dieses Buch zeigt anhand von Alltagsbeispielen der Techniknutzung die kuriosen Konsequenzen und Risiken für unser Glück. Phänomene, bei denen wir denken, jetzt wird es absurd ... hier muss man doch mal überlegen, ob man das so wirklich will. Wir diskutieren mögliche Verbindungen zu psychologischen Mechanismen und Chancen für Veränderung und Einflussnahme. Unser Ziel ist es, hierdurch neue Sichtweisen und bewusste Entscheidungen zu ermöglichen. Jeder ist gefordert, jeder ist potenziell betroffen. Jeder ist aufgerufen, sich auf den Weg zu machen und das eigene Glück zu schützen.

TECHNIK VERDRÄNGT DAS DIREKTE GLÜCK

Wenn wir zwischen digitaler Dokumentation und virtueller Bereicherung den Moment verpassen

Auf die Überfahrt nach La Gomera hatte ich mich schon gefreut. Habe mir gleich einen Platz auf dem Außendeck gesichert, um das vorbeiziehende Meer genießen zu können – und vielleicht Delfine zu sehen. Delfine sind meine Lieblingstiere. Ich weiß alles über Delfine. Aber einen Delfin live in freier Wildbahn beobachten zu können, ist natürlich etwas ganz Besonderes. Und ich habe Glück: Tatsächlich tauchen am Horizont die charakteristischen Rückenflossen auf, sogar ein Delfin-Baby ist dabei. Für mich das Highlight des Tages, ich bin glücklich. Doch das Glück währt nicht lange, plötzlich herrscht helle Aufregung. Eine Menschentraube stürzt an die Reling, ich werde gegen die Metallstange gequetscht. Hektisch werden die Kameras gezückt. Ohne Rücksicht auf Verluste versperrt man dem Nachbar mit der eigenen Kamera die Sicht. Jeder will das perfekte Foto, das den Delfin beim Sprung zeigt. Keiner hat es am Ende (Delfine sind schnell und unberechenbar). Keiner sieht den Delfin mehr wirklich springen.

Bootsüberfahrt nach La Gomera

Ein Delfin, ein Delfin!

Auf der Insel angekommen, geht die Foto-Rallye weiter. Von San Sebastian fahren wir Richtung Westen ins Valle Gran Rey, auf dem Weg durch die Berge gibt es zahlreiche Aussichtspunkte mit wirklich beeindruckender Natur. Ja, ein bis zwei Fotos machen wir auch, aber wir beschließen dann schnell, uns damit nicht lange aufzuhalten. Die Weite der Landschaft und das herrliche Panorama lassen sich mit der Handycam sowieso nicht erfassen. Lieber den Moment aufsaugen, die Sonne auf der Haut spüren, den Ausblick genießen. Ist das schön.

Diese Zeit scheinen viele Leute nicht zu haben. Es ist an jedem Spot das Gleiche, plötzlich strömen die Horden auf uns zu und genauso schnell, wie sie gekommen sind, sind sie auch wieder weg. Keiner nimmt sich einen Moment, um wirklich zu erfassen, was er vor sich hat. Die Scharen kommen und machen ihr Foto, Aufgabe absolviert. Die Aussicht mit den uns eigenen Wahrnehmungsorganen aufzunehmen, scheint außer Mode zu sein.

Foto-Rallye auf La Gomera

Altertümliche Form der Aufnahme der Aussicht

Ein kleines Gedankenexperiment: Wie würde sich das Erlebnis verändern, wenn die Reisegruppe kollektiv ihre Kameras zu Hause vergessen hätte? Würde man versuchen, das Bild im Gedächtnis statt als Foto zu speichern? Oder wenn die Gruppe noch mit Analogkameras und einer begrenzten Zahl von Filmen für den Urlaub ausgestattet wäre? Würde man dann bewusster wahrnehmen und gezielter entscheiden, ob das jetzt ein ganz besonderer Anblick ist, den ich versuche, auf Film zu bannen? Könnte dieses Foto dann später die Erinnerung an den besonderen Moment wachrufen? Könnte das Foto vielleicht sogar den »wahren Ausblick« vor dem inneren Auge entstehen lassen, mehr Erinnerungen abrufen, als das Foto zeigt?

Der heutige inflationäre Einsatz der Digitalfotografie macht die Verknüpfung von außergewöhnlichen Erinnerungen mit Fotos immer schwerer: Oder wer hat zu jedem der tausend Fotos pro Urlaubstag noch eine genaue Erinnerung und die tatsächliche Szenerie vor Augen? Dazu müsste man den Moment ja auch erst einmal bewusst wahrgenommen haben, wozu es mit Kamera-Linse vor den Augen oftmals nicht mehr kommt.

Es wird mehr fotografiert, als man bewusst erlebt hat. Bevor man sich so richtig dafür entschieden hat, ist der Auslöser schon gedrückt. Ist aber auch nicht so schlimm, würde manch einer erwidern: Ich kann es mir ja am Abend dann auf meiner Handy-Kamera ansehen. Während der abendlichen Bildershow vor Freunden erlebe auch ich erst wirklich, was ich heute so alles erlebt habe.

Dieses Phänomen ist natürlich nicht nur dem Urlaub vorbehalten, sondern an allen Orten zu beobachten, an denen es etwas zu sehen und damit auch zu fotografieren gibt. Live kann man das beispielsweise jeden Tag auf dem Marienplatz in München erleben, wenn das Glockenspiel ertönt. Das Glockenspiel ist nämlich zugleich Startschuss für ein weiteres Spiel: Dutzendfach greifen Menschen in ihre Taschen und zücken ihr Smartphone, um ein Video zu erstellen. Natürlich ein Video, auf einem Foto hört man weder die Klänge, noch sieht man die sich drehende Spielebene. Andere Menschen beobachten das und folgen diesem Beispiel – was so viele Leute machen, kann ja nicht falsch sein!

Natürlich haben wir alle gerne Fotos, und auch ein Video schaut man sich vielleicht gern noch einmal an – aber paradox wird es, wenn es sich um tatsächlich schwer festzuhaltende Dinge handelt. Wie das Glockenspiel, das mit der Handykamera aufgenommen einfach nur grausig klingt. Wer möchte das seinen Freunden noch mal vorspielen?! Ähnlich ist das bei Liveaufnahmen eines Konzerts der Lieblingsband. Da lässt sich durchaus fragen, ob man nicht tatsächlich mehr davon hätte, den Moment einfach nur zu genießen ...

Egal, um welches bedeutsame Ereignis es geht – Hochzeit, Taufe, Konzert –, je wichtiger das Event, umso dichter wird die Mauer von Smartphones. Je kürzer und bedeutsamer der Moment – der springende Delfin –, umso wichtiger scheint es, ihn festzuhalten. Und umso trauriger ist es doch eigentlich, wenn man ihn nicht mit allen Sinnen genießen konnte. Das Tragische daran ist, dass es in vielen Situationen schon technisch fast unmöglich ist, ein Foto zu machen, das den Moment adäquat festhält. Einen Delfin beim Sprung zu erwischen ist einfach unheimlich schwer, und im kontrastarmen Meer sind die Tiere nur schwer zu erkennen – auf Fotos noch weniger als in der Realität. Statt eines posterreifen Fotos kann man den Freunden ein Suchbild präsentieren.

Suchbild

Genauso verhält es sich mit dem Glockenspiel. Eine Handykamera macht nun einmal keine tollen Tonaufnahmen – und der trubelige Marienplatz schafft auch nicht gerade ideale Voraussetzungen. Aber das Ergebnis scheint fast egal: Man knipst, filmt, dokumentiert ohne Pause. Man verschenkt den Live-Moment für die sehr geringe Chance, etwas Brauchbares zu bekommen. Das ist wie Lotto spielen, dafür aber zu einem hohen

Preis: Verluste erleidet man, weil man den Moment nur nebenbei wahrnimmt, weil das einzelne Foto bedeutungslos wird, und weil man weniger hat, über das es sich mit anderen zu reden lohnt.

Unglücksregel 1:
Denke nicht darüber nach, wie hoch deine Chancen, ein gutes Foto zu schießen, wirklich sind. Der Versuch zählt. Du würdest es bereuen, wenn du den Moment mit allen Sinnen erlebt hättest, ohne dich nebenher mit der Bedienung deiner Kamera zu beschäftigen.

VERLUSTE FÜR DIE WAHRNEHMUNG

Die Kamera wird zum Werkzeug, mit dem wir die Welt erfassen. Was dazu führen kann, dass wir die eigene Wahrnehmung weitgehend ausschalten. Durch die Linse gucken, aber nicht wirklich wahrnehmen, was das Auge sieht.

Familienausflug, Besuch in einer Kunstausstellung. Ein Bild gefällt mir besonders gut. Mein Papa will mir einen Gefallen tun und das Bild für mich fotografieren. Das funktioniert nicht richtig gut, aber er gibt nicht auf. Er hat seine Mission gefunden. Die restliche Ausstellung ist jetzt egal. Am Ende sind wir am Shop angelangt, ich entdecke mein Lieblingsbild als Postkarte. »Cool, das nehme ich mir mit.« –»Oh, das sieht aber schön aus, was du dir da ausgesucht hast.« – »Aber das ist doch das Bild, das du die ganze Zeit für mich fotografiert hast.« – »Wirklich?« – »Ja, na klar!« – Moment, Direktvergleich. Tatsache. Er war ganz aufs Fotografieren konzentriert, das Bild hat er sich dabei nicht angesehen.

Wie kann das sein? Man schaut die ganze Zeit auf ein Bild und nimmt es dennoch nicht wahr?

Machen wir einen kurzen Ausflug in die Wahrnehmungspsychologie: Tatsächlich können wir viel mehr wahrnehmen als bewusst verarbeiten. Nur ein geringer Teil dessen, was über unsere Sinneszellen auf uns einströmt, wird zur bewussten Wahrnehmung. Ob aus Wahrnehmung bewusste Wahrnehmung wird, ist eine Frage der Aufmerksamkeitssteuerung. Man kann sich die Aufmerksamkeit vorstellen wie einen Lichtkegel, der über der Gesamtheit von Sinneseindrücken kreist, und nur dort, wo die Aufmerksamkeit stehen bleibt, entsteht ein bewusstes Bild der Realität. Die Aufmerksamkeit wird gelenkt von Aufgaben, den Befehlen, die wir unserem Gehirn erteilt haben. Zum Beispiel, ein Bild abzufotografieren. Infolgedessen dessen wird die Wahrnehmung auf für diese Aufgabe relevante Merkmale fokussiert. Beispielsweise den Foto-Ausschnitt so zu wählen, dass das abzufotografierende Bild komplett zu sehen ist. Nur diese Aspekte, mit denen wir uns auseinandersetzen, weil sie für unsere aktuelle Aufgabe relevant sind, werden bewusst wahrgenommen. Andere Aspekte – was zeigt das Bild eigentlich inhaltlich? – schaffen es nicht ins Bewusstsein, obwohl sie genau im Blickfeld liegen. Die visuelle Wahrnehmung ist vorhanden, aber es findet keine Interpretation statt, keine Einordnung, was daran bedeutsam ist. Kurzum, alle Punkte, die aus »den Blick auf etwas richten« ein Erlebnis machen, fehlen am Ende.

Ähnliche Phänomene finden sich auch in anderen Bereichen des Alltags, mit teils drastischen Konsequenzen. So zählt das »Looked-But-Failed-To-See-Phänomen« (LBFS) zu den häufigsten Unfallursachen im Straßenverkehr. Das Objekt/der andere Verkehrsteilnehmer, mit dem es zur Kollision kommt, wird in diesen Fällen vom Fahrer schlicht nicht wahrgenommen. Obwohl es sich im zentralen Blickfeld befindet, wird es vom Gehirn in diesem Moment nicht als relevanter Reiz klassifiziert.

Was ein »relevanter Reiz« ist, wird auch im Straßenverkehr zunehmend durch Technik definiert. In einer Fahrsimulations-Studie[12] bekamen die Teilnehmer den Weg mittels Navigationspfeilen vorgegeben. Für die eine Hälfte der Versuchsteilnehmer waren dies blaue Pfeile, für die andere Hälfte gelbe. Als plötzlich ein Motorrad auftauchte, konnten die Teilnehmer diesem schneller ausweichen, wenn die Farbe des Motorrads mit der Farbe der Navigationspfeile übereinstimmte.

Die Studie zeigt: Sobald wir unserem Wahrnehmungssystem eine Aufgabe geben, verfolgt es diese mit besonderer Gewissenhaftigkeit – was dann aber auch zur Missachtung/verzögerten Wahrnehmung von Reizen führt, die eben nicht mit dem Suchauftrag übereinstimmen. Die Wissenschaft bezeichnet dies als einen »Mismatch« zwischen den Eigenschaften eines auftretenden relevanten Reizes und dem sogenannten »Attentional Set«. Das »Attentional Set« beschreibt Reize und deren Merkmale, auf die bewusst Aufmerksamkeit gerichtet wird (z.B. blau, Pfeile). Die Aufmerksamkeit wird gebunden und Reaktionen auf Reize innerhalb des »Attentional Sets« werden beschleunigt. Reaktionen auf Reize außerhalb des »Attentional Sets« werden jedoch verlangsamt, und somit geraten damit auch wichtige Details außer Acht. Denn natürlich sind alle Fahrzeuge im Straßenverkehr wichtig. Egal, ob sie dem ähnlich sehen, was wir im Navi verfolgen, oder nicht.

Ähnlich verhält es sich bei den Phänomenen des »Cognitive-Tunneling« und »Cognitive-Drift«, also die Verengung und das wiederholte Abdriften der Wahrnehmung auf digitale Einblendungen anstelle der realen Umgebung, mit denen Piloten bei

---

12 Most, S. B., & Astur, R. S. (2007). Feature-based attentional set as a cause of traffic accidents. Visual Cognition, 15(2), 125–132.

der Nutzung von »Head-Up-Displays« (HUDs) zu kämpfen haben. Bei einem HUD wird ein Display auf eine Plexiglasscheibe zwischen Pilot und Frontscheibe des Flugzeugs projiziert. Die Idee ist, Display und reale Umgebung gleichzeitig wahrnehmen zu können. Doch Displays ebenso wie Fotokameralinsen scheinen die magische Wirkung zu haben, den Blick für die dahinterliegende reale Umgebung blind zu machen. Sehr schnell achtet man nur noch auf die digitalen Einblendungen. Selbst wenn sich die Piloten der Gefahr bewusst werden und die Entscheidung treffen, die Aufmerksamkeit zurück auf die Realität zu richten, driftet diese schnell zurück auf das über die Realität projizierte Display (daher die Bezeichnung »Cognitive Drift«). Charakteristisch für dieses Phänomen ist, dass es unabwendbar zu sein scheint: Es handelt sich um einen automatischen Prozess, dem man sich nicht entziehen kann. Selbst wenn man sich der Gefahr kurz bewusst wird und den Fokus der Aufmerksamkeit ändert – kurze Zeit später driftet die Aufmerksamkeit wieder ab.

Forscher von der Universität Ottawa[13] stellen daher infrage, ob HUDs insgesamt noch Vorteile bringen, oder ob die Kosten, die durch Realitätsverluste entstehen, nicht sogar überwiegen.

HUDs sind nur ein Beispiel, das verdeutlicht, wie sehr Displays unseren Denkkontext dominieren. Alle kennen die Bilder von Autos im Fluss oder in einer augenscheinlich viel zu kleinen Parklücke – das Navi oder die Einparkhilfe hatten eben angezeigt, man wäre auf dem richtigen Weg.

Ähnlich wie bei Navigationsgerät und Head-Up-Display könnte auch die Kamera in der Hand dazu führen, dass man in diesem Kontext denkt und wahrnimmt.

---

13 Hagen, L., Brown, M., Herdman, C. M., & Bleichman, D. (2005). The Costs and Benefits of Head-Up Displays (HUDs) in Motor Vehicles. In Proceedings of the 13th International Symposium on Aviation Psychology.

Vergessen ist das, was drum herum geschieht, vergessen ist manchmal auch, was genau man da fotografiert. Zwar ist es nun nicht so dramatisch, zumindest nicht sicherheitsgefährdend, wenn man das zu fotografierende Motiv nicht in allen Details wahrnimmt, solange es sich nicht um einen Löwen in freier Wildbahn handelt. Ein wenig besorgniserregend ist es dennoch – vor allem stellt sich die Frage, was so viele Erinnerungsfotos bringen, wenn man sich faktisch gar nicht erinnern kann. Das Foto bleibt uns ja fremd, zeigt einen Moment, den man gar nicht wirklich erlebt hat.

Unglücksregel 2:
Deine Realität ist das Display. Was rechts davon, links davon oder dahinter passiert, ist uninteressant. Blende die Umgebung aus, du könntest bleibende Erinnerungen sammeln.

VERLUSTE FÜR DIE BEDEUTSAMKEIT

Der Wunsch nach der Dokumentation wichtiger Ereignisse verändert nicht nur unsere Umgebungswahrnehmung und Aufmerksamkeitssteuerung. Der Ehrgeiz kann auch so groß werden, dass das Ereignis seine Bedeutsamkeit komplett verliert, wenn es nicht dokumentiert werden konnte. Das Foto wird wichtiger als das Erlebnis selbst.

September 2015, totale Mondfinsternis über Europa. Begeistert tauschen sich die Kollegen in der Uni am nächsten Morgen über ihre nächtlichen Beobachtungen aus. Nur Jakob kann sich nicht mit den anderen freuen. Auch er ist natürlich aufgestanden – doch für ihn kam es zum Worst-Case-Szenario, die Kamera war kaputt. Er konnte das Ereignis nicht festhalten. Sein Resümee: »Für mich war die Mondfinsternis ein Reinfall, das Aufstehen mitten in der Nacht hätte ich mir sparen können.«

Gescheiterte Dokumentationsversuche sind natürlich ärgerlich. Wer kennt das nicht, dass der Akku gerade dann schlapp macht, wenn die Urlaubslandschaft richtig schön wird (... und nach kurzem Ärger setzt dann die ungeahnte Entspannung ein, ganz frei und ohne Aufgabe die Natur zu genießen). Wenn das Foto zum alleinigen Träger der Bedeutsamkeit wird, dann könnte man sich fragen, wozu man überhaupt noch etwas erleben sollte? Warum nicht gleich jemand anders hinschicken, der einem ein Foto mitbringt, oder einfach die Google-Bildersuche nutzen? Natürlich funktioniert das nicht. Das Foto muss schon von mir persönlich gemacht worden sein, soll als »Beweis« für mein Erlebnis dienen. Wie ein Stempel im Reisepass. Erst dann ist es bedeutsam.

Unglücksregel 3:
Was du nicht persönlich fotografiert hast, ist nicht bedeutsam. Es genügt nicht, dass deine Freunde und Millionen anderer Menschen das Motiv schon vielfach festgehalten haben – auch DU musst noch ein solches Foto schießen. Um ein bisschen Variation reinzubringen, am besten ein Selfie.

Die Kunst des Fotografierens steht heute allen offen. Beliebig viele Fotos können kostenlos hergestellt werden, das bietet Raum für Experimente. Und weil nahezu jeder ein Smartphone besitzt und mit sich trägt, hat auch fast jeder stets eine Kamera dabei – ganz im Gegensatz zu früher, als das Mitnehmen einer Kamera eine bewusste Entscheidung war. Viele haben ihre Freude am Fotografieren vielleicht erst in Zeiten der digitalen Fotografie richtig entdeckt und auf diese Weise ein neues Hobby gefunden.

Gleichzeitig kann die digitale Fotografie aber auch ein Bedeutsamkeitskiller sein. Die grenzenlose Verfügbarkeit nimmt dem einzelnen Foto seinen Wert. Es gibt nicht mehr *das* Foto aus dem Italienurlaub, *das* Foto von der Klassenfahrt. Es gibt Tausende. Aber wer soll sich das alles später ansehen? Mache ich mir wirklich immer die Mühe, unter den Tausend Urlaubsfotos dann die schönsten zehn herauszusuchen, sie vielleicht sogar auszudrucken und aufzuhängen? Leiste ich mit jedem weiteren Klick nicht einen Beitrag, der es unwahrscheinlicher macht, dass dieses Foto später noch mal Bedeutung haben wird? Dieses Dilemma bringt auch Comic-Zeichner Brian Gordon zum Ausdruck. Das Comic »Taking Pictures: Film Vs Digital« zeigt auf der einen Seite einen kleinen Hasen, der die frisch entwickelten Bilder eines einzelnen Fotofilms in den Händen hält und dabei in Erinnerungen an seine Jugend schwelgt. Bilder vom Schulabschluss, das erste Mal Radfahren, auch Babyfotos sind dabei. Der kleine Hase zu Zeiten der Digitalfotografie hält stattdessen sein Smartphone in den Händen und fragt »Who wants so see 83 pictures of my lunch?«.

Unglücksregel 4:
Mache so viele Fotos wie du kannst – und mindere damit den Wert jedes einzelnen Fotos. Mache vor nichts Halt. Kein Moment ist zu belanglos, um nicht dokumentiert zu werden.

VERLUSTE FÜR DIE SOZIALE INTERAKTION

Auch die soziale Interaktion verändert sich durch die ständige Präsenz des Fotografierens im Zuge der Digitaltechnik. Früher gab es eine Person, die eine Kamera dabei hatte und Fotos für alle gemacht hat. Einer war der »Reporter«, das Fotografieren lief nebenher. Heute sind wir alle Reporter, die sich gegenseitig beim Fotografieren fotografieren. Heute plant manch einer die Tour der Sehenswürdigkeiten danach, zu welcher Zeit das Licht am besten steht, wo sich wann die besten Selfies machen lassen.

Die Idee, dass die Technik uns zurückhaltend begleitet, nur dokumentiert, was wir erleben, den Moment und die soziale Interaktion aber ansonsten intakt lässt, geht nicht auf. Die Perspektiven ändern sich. Die Frage ist nicht mehr: »Wie geht es uns im Moment, haben wir jetzt gerade Spaß?«, sondern: »Wie wird das später aussehen?« Wie bei einem professionellen Fotoshooting eben auch. Es geht nicht um das Wohlbefinden der Models, sondern um die Frage: Ist es das perfekte Licht? Ist eine Haarsträhne im Weg? Stören andere Leute das Bild? Klar, wenn das Ziel ist, das perfekte Profilfoto zu bekommen, sind das alles unglaublich relevante Fragen. Man sollte sich nur nicht vormachen, dass es hier noch darum geht, einen entspannten Tag mit Freunden zu verbringen.

Unglücksregel 5:
Mache den Ausflug mit Freunden zum kollektiven Fotoshooting. Lasse dich an jedem Ort in mindestens drei verschiedenen Posen ablichten. Und wenn du glaubst, du siehst perfekt aus, sollte sicherheitshalber noch ein letztes, weiteres Foto gemacht werden. Wenn deine Freunde keine Lust mehr auf dich haben, nutze den Selfiestick.

Es scheint einen schmalen Grat zu geben zwischen Intensivierung, Anreicherung, vertiefter Auseinandersetzung und der vollständigen Vereinnahmung durch das »intensivierende« Medium.

ERLEBNISSE DOKUMENTIEREN STATT ERLEBEN

Zusammenfassend kann man sagen, dass die Technik die Momenterfahrung immer stärker auf die Reflexionsebene verlagert. Wir reflektieren Erlebnisse anhand von Fotos, Blog-Posts und dem Austausch im WhatsApp-Chat. Für jedes bedeutsame Ereignis – ob Geburtstagsparty, Wanderausflug oder gemeinsames Fußballschauen – gibt es eine zugehörige WhatsApp-Gruppe. Dort wird das große Ereignis geplant und vorbereitet: Wann treffen wir uns wo, wer macht was zu essen, wer bringt wen mit? Man versichert sich gegenseitig, wie sehr man sich auf das große Event freut. Während des Events dann wird der Chat mit Fotos gefüttert. Danach versichert man sich, wie unglaublich toll es war, und dankt den Organisatoren oder Gastgebern. Eine nette Geste. Gäbe es nur das Telefon, könnte der Gastgeber sich wohl nicht über so viele Dankesbekundungen freuen.

Das Erlebnis wird weit über den Erlebniskern ausgedehnt, sodass der Kern irgendwann verschwindend klein wird. Technik macht es möglich. Technik erlaubt es mir auch, tieferen Einblick in Alltagsaktivitäten zu erlangen. Anhand von Tracking-Apps kann ich meine Radroute später genau nachvollziehen, sehe, auf wie viele Höhenmeter ich stolz sein kann und wie sich meine Leistung im Vergleich zur letzten Tour verbessert hat. Oder auch nicht – dann ist das Erlebnis zerstört!

Allerdings müssen wir aufpassen, dass wir neben der ganzen Erlebnis-Aufbereitung und Reflexion nicht verlernen, etwas ganz direkt wahrzunehmen. Die Kamera hält das Bild fest, aber wir sehen es nicht mehr im Moment. Das Tracking-Tool lässt uns die Strecke verfolgen und informiert über unsere physiologischen Daten, aber wir sehen den Wald nicht mehr direkt. Vielleicht verlernen wir sogar, direkt unseren Puls und Herzschlag wahrzunehmen und auf diese Art zu fühlen, wie gut schnelles Laufen tun kann.

In anderen Fällen kommt es gar nicht mehr zur Reflexion, die »Dokumentation für später« ist viel mehr zum Ritual geworden: Da gibt's was zu sehen – ritualisierter Griff zum Smartphone – *klick* – weitergehen – vergessen. Wie viele der geknipsten Fotos werden später wirklich angesehen? Wie viele der Glockenspiel-Aufnahmen am Marienplatz werden später noch mal angehört? Wie oft müsste man sich das Glockenspiel anhören, um sagen zu können, die Aufnahme habe sich gelohnt? Das war es wert, den schönen Moment nicht mit meinem Partner an der Hand, sondern mit dem Smartphone in der Hand zu verbringen?

Unglücksregel 6:
Nicht überlegen – nicht wahrnehmen – fotografieren!

Oft wird das Erlebnis auf die Reflexionsebene verlagert, dann aber nicht mehr reflektiert. Technik tritt als vermeintlicher Verstärker auf, der das Glück festhalten und intensiver machen soll, als Grundlage für bewusstere Auseinandersetzung dienen soll. Aber die Auseinandersetzung auf der einen Ebene (Reflexion, Dokumentation) geht oftmals zu Lasten der direkten Ebene: Im Moment leben, direkte Wahrnehmung mit unseren Sinnen – eine Fähigkeit, die sich viele derzeit mit Hilfe sogenannter Achtsamkeitstrainings zurückerobern wollen. Am Ende weiß ich durch die ganze Technik unheimlich viel über mein Erlebnis. Und gleichzeitig verpasse ich es.

WO SIND ALL DIE MOMENTE HIN? KEINE GNADE FÜR LEERRÄUME

Es müssen auch nicht immer die großen Glücksmomente sein, die wir durch Technik verpassen. Auch die kleinen Momente des

Alltags haben kaum noch eine Chance, gesehen zu werden. Eine andere Form der Verdrängung des direkt empfundenen Glücks ist, der Welt um uns herum auszuweichen und uns keine freien Kapazitäten für ungeplante Glücksmomente auf den zweiten Blick zu erlauben. Momente lösen sich auf. Technik vereint alles in einer Reihe, schafft neue Strukturen. So ist man zum Beispiel durch die Musik, die einen überallhin begleitet, fortwährend in einer Blase. Es gibt nicht mehr den Moment an der Bushaltestelle, den Moment der Fahrt. Früher stand man jeden Morgen an der Bushaltestelle und hat dabei ein genaues Bild seiner Umwelt entwickelt. Wer fährt mit mir im Bus, wer fehlt heute? Gibt es eine neue Plakatwerbung? Welche Zimmer der umliegenden Häuser sind beleuchtet? Es gibt natürlich keinen Grund, das alles wissen zu müssen – aber sind es nicht letztendlich die kleinen »sinnlosen« Details, die der Welt Charakter verleihen?

Man war früher der Welt, wie sie ist, einfach ausgesetzt. Dann kam der Walkman und belegte den auditiven Wahrnehmungskanal. Später folgte bei manchen dann der Gameboy und belegte auch den visuellen Wahrnehmungskanal. Das Smartphone macht sich noch breiter und will alles. Nicht nur Wahrnehmung, auch unsere Gedanken sollen ständig darum kreisen, was in der digitalen Welt vor sich geht. Von Facebook kann man sich nicht so einfach wieder gedanklich verabschieden wie von einem Tetris-Level. Natürlich beschäftigt es einen weiter, was man da gerade an Neuigkeiten über den Exfreund erfahren hat. So kann ich mir auf den letzten Metern zur Arbeit noch schön den Kopf zerbrechen, wer wohl die attraktive Rothaarige auf dem Bild neben ihm war. Dass es mittlerweile Frühling geworden ist und am Wegesrand überall Blumen stehen und ein Eichhörnchen den Baum hochflitzt, nehme ich gar nicht wahr.

Heute füllt Technik alle Lücken und alle Leerräume, in denen potenziell so etwas wie Langeweile entstehen könnte. Was damit aber auch geringer wird, sind die ungeplanten kleinen Glücksmomente, neue Erfahrungen und Entdeckungen, die aus dem Schweifen des Blicks und der nicht zielgerichteten Wahrnehmung der Umwelt entstehen. Auch der Raum für neue Gedanken und Kreativität muss in unserer technikdominierten Umwelt erst wieder bewusst zurückerobert werden. Niemand sitzt einfach nur noch so an der Bushaltestelle, niemand steht einfach nur noch so sinnfrei herum, wenn man auf die Verabredung wartet, niemand sitzt noch einfach so im Café. Das Smartphone ist ein Schutzschild, mit dessen Hilfe man sich jederzeit aus der Welt zurückziehen kann. Ich bin gar nicht hier: Das kann angenehm sein. Aber es wird auch zum Reflex. Das Umherblicken und Schauen, was die Umgebung uns so bieten könnte, sind wir gar nicht mehr gewohnt.

Unglücksregel 7:
Sei niemals unbeschäftigt. Egal wo du bist, die Technik ist für dich da. Schnapp dir dein Smartphone und entziehe dich allem, was deine Umwelt dir bieten könnte.

Auch der programmlose, langweilige Sonntagvormittag ist längst passé. Solange kein fester Plan da ist, was ich tun will, sitze ich am Rechner oder noch bequemer, auf dem Sofa mit dem Tablet. Die Wahrscheinlichkeit, dass aus dieser Haltung heraus ein kreativer Moment entsteht, ist gering.

In ihrem Essay »Ein Hoch auf die Langeweile«[14] vergleicht die Schriftstellerin Simone Buchholz die vielen kleinen technischen Geräte unseres Alltags mit Flipperautomaten, die permanent bedient werden möchten, und uns somit davon abhalten, uns in ruhigen Augenblicken einfach mal hinzusetzen und

14 Buchholz, S. (2015). Ein Hoch auf die Langeweile. mobil – Das Magazin der Deutschen Bahn (11/15), S. 72–73.

nichts zu tun. Den hieraus folgenden Verlust der Langeweile sieht Buchholz kritisch, denn so gehe auch die Zeit für Muße und Kreativität verloren, welche oftmals erst in Folge von Langeweile entstehen.

Schlechte Chancen für persönliche Innovationen im Leben. Verantwortlich macht Simone Buchholz für die Einbußen an Kreativität und Charakterbildung auf individueller Ebene auch eine gesellschaftliche Haltung, die uns zum ständigen Aktionismus aufruft. Wir dürfen uns schlicht nicht mehr langweilen. Die dauernde Aktion, so Buchholz, sei zum Statussymbol geworden.

»Aktion« im Sinne von etwas tun ist allerdings in vielen Fällen nicht Kreation, also etwas erschaffen, sondern Konsum. Wir füttern unser Gehirn beständig mit neuen Reizen, aber selten kommen wir zu dem Punkt, ab dem wir über diese Reize hinaus kreativ werden und etwas Neues erschaffen. Zwar gibt es Raum für Kreativität und innovative Gedanken im Internet, natürlich. Aber den schöpferisch Tätigen stehen ungleich viele reine Konsumenten gegenüber.

KONSUM VERSUS KREATION

Grob gesagt lassen sich also zwei Modi unterscheiden, die wir in einem Moment noch ungefüllter Zeit einschlagen können: Passiver Konsum versus aktive Kreation. Der Konsum-Modus ist eine Möglichkeit für schnelle, kurze Zerstreuung oder zumindest wenig anstrengenden Zeitvertreib. Ab und zu ist das auch genau das, was wir brauchen. Haben wir uns den ganzen Tag mit geistigen Aufgaben befasst, uns mit vielen Menschen unterhalten oder eine anstrengende Wanderung unternommen, ist es uns ein wahres Bedürfnis, uns einfach nur berieseln zu lassen. Das Glück, das sich im Kreations-Modus einstellen kann, ist intensiver, länger anhaltend, aber auch weniger planbar. Am Anfang steht natürlich die Frage: Was ist es, was wir kreieren wollen? Neue Gedanken? Ein Schriftstück? Ein Kunstwerk? Etwas Handwerkliches? Wollen wir unsere sportlichen Fähigkeiten verbessern? Brot backen? Eine Reise planen? Eine neue Sprache erlernen? Uns für eine gute Sache engagieren? Schlummert in uns ein Songwriter? Ein Dichter?

Kreative Tätigkeiten schließen technische Unterstützung natürlich nicht aus. Konsum versus Kreation ist keine Frage von Technik oder nicht – Technik macht den Einstieg in den Konsum-Modus nur noch mal um ein Vielfaches leichter und abwechslungsreicher, als wenn das Konsumieren auf nicht-technische Inhalte wie zum Beispiel Bücher oder Zeitschriften beschränkt ist. Die zentrale Herausforderung im Kreations-Modus ist Geduld. Vielleicht wissen wir nicht sofort, was wir überhaupt tun wollen. Wir probieren etwas, stellen aber fest, dass es uns doch nicht so viel Spaß macht wie erwartet, und lassen es wieder sein. Und selbst wenn wir etwas gefunden haben, bei dem wir spüren, dass es das Richtige für uns ist, macht es uns nicht permanent glücklich. Gerade beim Erlernen von Fähigkeiten müssen wir uns durch anstrengende Lernphasen und Rückschläge kämpfen, bis wir den berühmten Flow erleben. Daher sagt Ulrike Zöllner in ihrem Buch über »Die Kunst der langen Weile« auch, der Flow sei den ungeduldigen Menschen verschlossen. Flow, das ultimative Glückserleben, als optimale Passung zwischen Herausforderung und Ausagieren eigener Fähigkeiten, wird man schon per Definition nicht im Konsum-Modus erreichen. Wer konsumiert, bringt keine Fähigkeiten zum Einsatz.

Unglücksregel 8:
Lasse niemals einen Moment des Nichtstuns entstehen – du könntest auf interessante Ideen kommen oder gar in den Kreations-Modus verfallen, Flow-Momente erleben und langfristig Bedeutsames schaffen.

Allerdings gibt es keine Garantie, dass aus einem Moment der Leere, den wir zulassen, wirklich etwas entsteht, etwas Kreatives in uns geweckt wird. Vielleicht bleibt es einfach bei dreißig Minuten gedankenverloren aus dem Fenster sehen, ohne dass sich ein Impuls ergibt, was wir Bedeutsames tun könnten. In dieser Zeit hätte man auch eine Folge irgendeiner Sitcom schauen können.

Ein weiterer Grund für die Vermeidung von Momenten der Leere im Alltag könnte auch Angst sein: Angst vor der Auseinandersetzung mit sich selbst. Der Konsum-Modus als eine Absicherung, sich nicht selbst begegnen zu müssen. Ähnlich sieht es auch Zöllner: Die Gefährlichkeit der Langeweile liege darin, dass sie uns mit existenziellen Fragen konfrontiere. Unsere Antwort lautet magische Aktivität. »Wir füllen die Löcher und Leerstellen unseres Daseins auf mit Arbeit, Action, Vergnügen, Zerstreuung bis auch kein einziger freier Platz mehr sichtbar ist«, so Zöllner.

Der Konsum-Modus ist immer verfügbar. Es gibt so viele Inhalte, sekündlich kommen neue hinzu. Allein in den sozialen Netzwerken, Blogs, Videoportalen, News-Portalen. Man kann getrost sagen: In der Online-Welt werden wir niemals aufhören müssen zu konsumieren. Ob uns dies beruhigen sollte, sei dahingestellt. Denn auch Konsum ist letztendlich keine langfristig wohltuende Flucht aus der Langeweile. Zöllner beschreibt dies folgendermaßen: »Wer Tätigkeiten sucht, um sich die Zeit zu verkürzen und sich zu unterhalten, um die Langeweile zu vertreiben, dem wird jede Tätigkeit früher oder später langweilig werden.« Dies sei ihrer Meinung nach auch der Grund, warum Aktionismus und Vergnügungstheorie nicht wirklich funktionieren. Die Zeit könne nicht vergessen werden, sondern sei stets als drohender Schatten im Hintergrund präsent.

So ist also die immer wiederkehrende Frage von Konsum versus Kreation nicht neu – aber Technik macht die Entscheidung für den Konsum-Modus und das dortige Verweilen immer leichter. Und der Konsum-Modus wird immer allgegenwärtiger. Im Internet gibt es kaum noch Räume, in denen wir ganz frei wahrnehmen könnten und nicht auf den Konsum-Modus trainiert werden. Das weiße Blatt existiert nicht mehr. Ich konsumiere, bevor ich die Chance hatte, mir eigene Gedanken zu machen. Bevor ich weiß, was ich will, hat Amazon mir schon vorgeschlagen, was wohl das Beste für mich wäre. Und natürlich, wie andere Personen diese Produkte bewerten. Bevor ich mir Gedanken machen konnte, was ich von den neuesten politischen Entwicklungen halte, suche ich mir »meine Meinung« unter den Kommentaren zum Artikel im News-Portal. Statt einen Artikel aktiv im Freundeskreis zu diskutieren, konsumieren wir die Kommentare anderer Blog-Besucher.

Es scheint also fast so, als müsse man sich zeitweise aktiv gegen den Konsum-Modus auflehnen. Was wir lernen müssen, ist, in den vielen Inhalten, die auf uns einprasseln, das aktivierende Potenzial zu entdecken. So beschreibt Zöllner kreative Menschen als Menschen »mit der Fähigkeit, aktivierende Reize aus sich selbst zu schöpfen oder auf aktivierende Reize nicht konsumierend, sondern produktiv zu reagieren«.

Das Gefährliche ist, dass der Konsum-Modus kaum Anstrengung kostet. In ihm verfällt man sehr schnell in »Aktivitäten«, die dem eigenen Glück nicht zuträglich sind. Wie eben Facebook-Besuche, die im Nachhinein als Zeitverschwendung erlebt werden und die Stimmung nach unten ziehen. Kreation verlangt mehr Energie. Dafür passiert es einem auch nicht so leicht, dass man Energie in etwas steckt, ohne es zu merken oder ohne sich zu fragen, ob man das gerade tun will. Wer kreativ tätig ist, tut das bewusst. Es passiert selten, das man ein Kunstwerk vollendet oder eine Torte backt und am Ende feststellt: Warum habe ich das eigentlich getan, das war doch reine Zeitverschwendung. Aber drei Stunden im Internet surfen, ohne dass sich das Gefühl einstellt, gerade etwas zu tun, das man wirklich tun will – das geht ganz leicht.

TECHNIK BESTIMMT, WAS ZÄHLT
Selbstoptimierung bis zum Selbstverlust

Um 19 Uhr bin ich mit Lisa zum Sport verabredet, freue mich schon auf das kleine Work-out. Ein bisschen Bewegung und zwischendrin mal den Kopf abzuschalten wird mir guttun nach dem ganzen Tag am Schreibtisch. Aber um 18 Uhr 30 kommt dann ein Chat rein. »Sorry, ich schaffe es heute doch nicht. Bin zu fertig von der Arbeit.« – »Ach, komm, wir machen ganz locker. Gemütlich eine Runde übers Feld, die Abendsonne wartet ...« – »Ja, wäre schon schön. Aber ich gehe dann lieber morgen, wenn ich richtig fit bin. Ich war am Wochenende richtig gut, bin jetzt Platz 1 vom Kilometerschnitt in meiner Laufgruppe, das will ich mir jetzt nicht versauen.« – »Dann lass doch dein Fitness-Armband heute mal daheim. Wir laufen einfach so.« – »Nee, also das macht dann ja auch keinen Sinn. Dann hab ich ja gar nichts davon.«

Was nicht getrackt wurde, ist nicht passiert, ist nichts wert. Es wird gezählt, was sich zählen lässt. Die Dokumentation wird zum Selbstzweck und verdrängt das Glück, das sich aus der Tätigkeit selbst ergeben könnte. Wer mehr auf die Statistiken schaut als auf das Erleben im Moment, dem stellen sich absurde Fragen: Radtour A wäre schöner, aber mit Radtour B könnten wir den Höhenmeter-Rekord im Challenge-Forum unserer virtuellen Trainingsgruppe knacken. Was tun, wenn ich mich nach der Arbeit nicht mehr hundertprozentig fit fühle? Trotzdem eine Runde joggen und riskieren, dass ich mir meinen Schnitt versaue? Oder vielleicht eine kleine Alibi-Runde nur um den Block, um zumindest die Zahl der »Runs in a Month« zu pushen?

Sind das die Fragen, die Technik uns stellen will? Kann es sein, dass ich die Tätigkeiten nicht mehr aus dem heraus tue, was mir gerade guttut, worauf ich Lust habe, sondern wie mein Trackingsystem diese bewertet? Man tauscht den Spaß am Laufen gegen den Highscore und macht am Ende womöglich weniger Sport als vorher. Während die Self-Tracker noch grübeln, trabt der untertechnisierte Läufer schon dem Sonnenuntergang entgegen ...

Erstaunlich ist auch, wie viele Leute sich im wahrsten Sinne des Wortes durch den Aufzeichnungszwang belasten. Viele Menschen tragen seltsame schwarze Kästen am Arm. Bei genauerem Hinsehen erschließt sich: tatsächlich, ein Telefon am Arm. Es fehlt nicht mehr viel und man könnte sie glatt als Trainingsgewichte verwenden – wobei die Belastung etwas einseitig wäre. Auch Sportler mit Tablets als Trainings-Gadgets wurden schon gesichtet, diese werden gern in der praktischen XL-Bauchtasche mitgeführt. Und die Technik-Fans sind in guter Gesellschaft: Im Fitnessstudio trifft man zahlreiche Sportler mit leuchtenden Displays am Arm, die zielstrebig den Anweisungen der Technik folgen – man möchte fast meinen, man sei umgeben von Robotern mit Touchbedienung am Oberarm.

Dass die technischen Spielzeuge zur Trainingsunterstützung dem eigentlichen Training oft im Weg sind, scheint offensichtlich: Viele Smartphones passen in keine Hosentasche, liegen daher im Fitnessstudio oftmals auf dem Boden. Wer ein Modell besitzt, das sich noch in die Hosentasche quetschen lässt, ist im Bewegungsradius stark eingeschränkt. Ständig muss man aufpassen, dass die Hose nicht ganz herunterrutscht oder das wertvolle Gerät aus der Hose purzelt und von einer Hantelscheibe zerquetscht wird. Dann gibt es noch diese Armhalterungen. Die sind bei vielen Übungen im Weg und müssen ständig verschoben werden. Übungen, die man nicht mit Armhalterung machen kann, müssen aus dem Trainingsplan gestrichen werden. Bauchtaschen beim Training – das muss wohl nicht weiter kommentiert werden.

Abhilfe schaffen kleinere, spezifische Tracking-Devices, meist als dezente Smartwatch am Handgelenk getragen, oftmals unterstützt vom Herzfrequenzmesser, der praktisch um den Bauch gebunden wird. Das sind typische Bilder von Self-Trackern: Bis auf ein Tracking-Device tragen sie kaum noch etwas am Körper, den Blick immer auf das wichtigste Element der Sporteinheit gerichtet. Was gäbe es am Meer auch Schöneres zu betrachten, als den eigenen Fortschritt auf einer Digitalanzeige?

Im Gegenteil: Wo man gelaufen ist, kann man später gemütlich auf dem Display analysieren – GPS-Tracker machen es möglich und stellen die Route auf einer Landkarte dar. Dazu gibt es Höhenprofile und alle statistischen Kennwerte, die man sich wünschen kann. Deutlich mehr, als die Natur zu bieten hätte.

Aber Aufzeichnung muss sein. Die in Internetforen verbreitete Forderung nach »Pics or it didn't happen« (Fotobeweis, oder es ist nicht passiert) wird zu »Track or it didn't happen«.

Self-Tracker in typischer Pose (Peter Atkins/Fotolia.com; Maridav/Fotolia.com)

DIE IRONIE DES QUANTIFIZIERTEN SELBST

Die heutige Aufzeichnungspflicht des persönlichen Fortschritts in Lebensbereichen aller Art ist für manche vielleicht ein positiver Einstieg in den Pfad der Selbstverbesserung. Eine Eintrittskarte, mit der Radfahren erst interessant wird. Oder die berühmte »Nike Running Competition«, bei der Gruppen von Läufern gegeneinander antreten können, ihre Daten übers Internet teilen und sich so gegenseitig zu persönlichen Höchstleistungen pushen.

Aber bringen die ständige Rückmeldung und die Dokumentation der eigenen Leistung und Vitalitätsdaten immer einen Vorteil?

> *Ich bin nur einmal für zwei Wochen mit Pulsuhr gelaufen. Aber ich wollte sofort meine Freiheit zurück. Die Uhr ist blöd, zählt einfach nur, wie schnell ich war. Mein Lauf wird bewertet. Der Lauf gestern war besser als heute: knallharte Aussage. Die Gründe hierfür sind der Uhr egal – Gegenwind, schlechtes Wetter, ob Morgen oder Abend, ob ich schlapp bin, wie sehr ich mich überwinden musste, überhaupt noch mal an die Luft zu gehen nach dem harten Arbeitstag.*

Neben der Frustration durch die harten Daten ohne Verständnis für die Umstände kann ein Problem des Self-Tracking auch sein, dass man oftmals gar nicht schlau wird aus dem, was man da trackt. Wie eine Forschergruppe der Universität Washington herausgefunden hat[15], haben viele Self-Tracker Probleme, aus der Masse an aufgezeichneten Daten die für sie hilfreichen

---

15 Epstein, D., Cordeiro, F., Bales, E., Fogarty, J., & Munson, S. (2014). Taming Data Complexity in Lifelogs: Exploring Visual Cuts of Personal Informatics Data. In Proceedings of the 2014 conference on Designing interactive systems. ACM Press, 667–676.

Informationen herauszulesen, neue Einsichten zu gewinnen oder Maßnahmen für Verhaltensänderungen abzuleiten. Viele der »offenbarten« Zusammenhänge sind für die Nutzer sowieso offensichtlich und bekannt. Dies sind beispielsweise Informationen wie: »Ich schlafe länger an Wochenenden«, oder: »Ich bewege mich hauptsächlich in der Nähe meines Wohnorts und meiner Arbeitsstätte.« Oder aber es fehlt der Bezug zwischen Tagesergebnis und konkreter Handlung. Ich sehe, ich laufe freitags am meisten – aber woher kommen die zusätzlichen Schritte? Was könnte ich an den anderen Tagen ändern, um ähnlich viel zu laufen? Die Washingtoner Forscher haben sich des Problems angenommen, indem sie sogenannte »Visual Cuts« für Tracking-Daten entwickeln, das heißt: ergänzende Auswertungen und Visualisierungen. Konkret sind das beispielsweise »Durchschnittszeiten in Abhängigkeit von der Fortbewegungsmethode (Gehen, Laufen, Radfahren, motorisiert) und Wochentag«. Oder »benötigte Zeit zum Pendeln zum und vom Arbeitsplatz in Abhängigkeit des Wetters (freundlich, bedeckt, regnerisch)«. Diese werden in verschiedenen Formen wie Tabellen, Maps oder Aktivitätsdiagrammen abgebildet.

Insgesamt erlebten die Teilnehmer die zusätzlichen Auswertungen als hilfreich, Momente der Selbsterkenntnis waren beispielsweise: »Wenn es mehr als drei Meilen sind, nehme ich gewöhnlich das Auto. Es ist interessant, den Punkt zu sehen, an dem ich entscheide, dass es zu weit zum Laufen ist.« Ein anderer Nutzer reflektiert: »Ich denke, ich fühlte mich ein wenig schuldig, dass ich am Dienstag früher von der Arbeit gegangen bin. Deshalb kam ich am Mittwoch etwas früher. Das war mir gar nicht bewusst!«

Ja, das ist interessant: Wenn man abends früher geht, holt man die Arbeit am nächsten Tag nach. Aber lohnt sich die ganze Technisierung und Überwachung meines Lebenswandels für solche Einsichten? Und von der vermeintlichen Trivialität einmal abgesehen: Sind die durch Self-Tracking gewonnenen Einsichten immer positiv?

In dem Artikel »The Irony and Re-interpretation of Our Quantified Self« von 2013 warnen die Experten auf dem Gebiet der Mensch-Technik-Interaktion Rafael A. Calvo und Dorian Peters vor unerwünschten Nebenwirkungen der Quantified-Self-Bewegung, die der gewünschten Verhaltensänderung im Weg stehen können. Ihre Analyse aus der Perspektive der Sozialpsychologie und Motivationspsychologie beleuchtet zwei Aspekte: Erstens die Re-Interpretation von Ereignissen und zweitens die Tatsache, dass das Bemühen um Kontrolle über unsere Gedanken und Verhaltensweisen in Form »ironischer Prozesse« zurückschlagen kann.

Re-Interpretation bedeutet: Erinnerungen sind niemals exakte Abbilder von Ereignissen – vergleichbar mit einem aufgezeichneten Film –, sondern immer neue, abgewandelte Interpretationen der gespeicherten Ereignisse. Bei dieser Re-Interpretation wirken nun Mechanismen wie beispielsweise »End-Anker-Effekte« (Ereignisse am Ende eines Erlebnisses zählen mehr als Ereignisse zwischendrin). Erinnerungen sind also keine exakten Abbildungen, sondern Verzerrungen der Vergangenheit. Dieser Mechanismus ist mitunter durchaus positiv: So führt eine »gesunde« Verzerrung der Vergangenheit beispielsweise dazu, eigentlich unangenehme, aber sinnvolle Dinge dennoch wieder zu tun.

Was bedeutet es nun, wenn wir statt Re-Interpretation mit einer realistischen Darstellung unseres Selbst konfrontiert werden, wie es »Quantified Self« uns ermöglicht?

Eine Re-Interpretation – und damit gesunde Verzerrungen der Vergangenheit – wird durch die akkurate Aufzeichnung ausgeschaltet. Wo Fakten explizit analysiert und dargestellt werden, ist es unmöglich, diese einfach auszublenden.

So könnte uns die Studie der Pulsdaten vor Augen führen, wie anstrengend die Route tatsächlich war – keine Sache, die wir uns antun, wenn wir uns ohnehin schon nicht so gut fühlen heute. Ohne die technische Erinnerungsstütze sorgt unser Gehirn dafür, dass wir uns vor allem an den positiven Abschluss, die belohnenden letzten Meter der Radtour bergauf mit dem wunderschönen Blick ins Tal erinnern und eher dazu bereit sind, diese bitter-süße Erfahrung zu wiederholen.

Nun zu den »ironischen Prozessen«, welche die gewünschte Veränderung erschweren statt erleichtern können. Calvo und Peters beziehen sich hierbei auf Studien, die zeigen, dass unsere inneren Prozesse allzu expliziten Wünschen oftmals gerade nicht folgen. Wie bockige Kinder beschließen sie, gerade das nicht zu tun, was ihnen gesagt wurde. Studienteilnehmer, die sich entspannen sollten, waren angespannter als Studienteilnehmer ohne entsprechende Instruktion; Studienteilnehmer, die fröhlich sein sollten, wurden stattdessen trauriger[16]. Teilnehmer an einem Anti-Raucher-Training, die Gedanken an Zigaretten unterdrücken sollten, rauchten schließlich mehr als die Kontrollgruppe[17]. Mit der Überwachung und Quantifizierung unseres Tuns ist das Ziel der Selbstoptimierung also noch lange nicht erreicht – im Gegenteil, viele Probleme fangen hier erst an.

Wohin der Weg der Selbstoptimierung führen kann, verdeutlicht auch die WDR-Dokumentation »Darf ich ... nicht perfekt sein?« (2015). Die Selbstoptimiererin Kim, die jede Minute des Tags »perfekt« nutzt, trifft auf die Genießerin Kerstin, die es gemütlicher angehen lässt. Die Frauen tauschen für ein paar Stunden die Rollen, lernen den Alltag der anderen kennen. Kerstin muss nun einen Tag das optimierte Leben von Kim leben, der Coach legt ihr den Fitnesstracker um: »Ab jetzt bist du online.« Der perfekte Tag beginnt mit fünfzig Kniebeugen

---

16 Wegner, D. M., & Pennebaker, J. W. (1993). Handbook of Mental Control. Prentice-Hall.

17 Erskine, J., A K Georgiou, G., & J Kvavilashvili, L. (2010). I suppress, therefore I smoke: effects of thought suppression on smoking behavior. Psychological Science, 21(9), 1225–30.

während des Zähneputzens, danach geht es weiter mit dem Work-out im Wohnzimmer, das Fitbit Armband und die zugehörige App sagen, was zu tun ist. Zum Frühstück gibt es grünen Smoothie, zum Mittagessen Eiweißshake, Abendessen und Kohlenhydrate nur am Wochenende. Kommentar Kerstin: »Da kann man ja die Zähne rausnehmen.« Dazwischen im Job perfekt sein und ins Fitnessstudio, am liebsten auf die Rüttelplatte.

Auch auf Kim, die nun Kerstins Alltag kennenlernt, warten Herausforderungen. Statt des geliebten Smoothies gibt es zum Frühstück Käsebrot. Das gönnt sie sich sonst nur am Wochenende. Aber dann auch ohne Butter. Wie kann man auf ein Brot mit Käse auch noch Butter schmieren – das macht nun wirklich keinen Sinn. Die Auswertung der physiologischen Daten ergibt: Beide Frauen leben ungesund, beide haben Probleme, mit Stress umzugehen, Kim wird außerdem zwanghaftes Sport- und Essverhalten sowie Burnout-Gefahr attestiert.

Die Psychologin diagnostiziert: Kerstin ist vom Typ her ein »Satisficer«, ist schnell glücklich mit dem Erreichten. Kim ist ein »Maximizer«, nie zufrieden. Der Skispringer Sven Hannawald, ehemaliger Profisportler und Burnout-Erkrankter, bringt das Problem der Maximizer auf den Punkt: Wer immer Höchstleistung erbringen wolle, stehe natürlich unter Druck, und wenn dann mal nicht das Beste gelänge, stünde man umso mehr unter Zugzwang, sei nicht zufrieden, niedergeschlagen und mache dennoch weiter. Kein Weg, der Glück verspricht. Das versteht nun auch Kim und gelobt Besserung. Sie räumt ein, dass man wohl nicht stets perfekt sein müsse, allerdings sollten es weniger als 80 Prozent, die man gebe, ihrer Meinung nach auch nicht sein.

Bei der Perfektionistin Kim ist der Ursprung des Problems sicher nicht die Technik. Aber Trends wie die Quantified-Self-Bewegung machen den ungesunden Perfektionismus salonfähig. Es gilt als schick, den eigenen Körper in jeder Hinsicht zu kontrollieren, das Leben auch im Privatbereich nach einem strengen

Protokoll zu führen. Was als technische Spielerei beginnt, führt in ein Leben, aus dem man irgendwann nicht mehr zurückkann. Man kann nicht mehr einfach so essen, schlafen, nichts tun. Die Stimme im Kopf bleibt – was würde wohl mein Selbstoptimierungscoach dazu sagen?

SELBSTOPTIMIERUNG BIS ZUM SELBSTVERLUST

Es muss aber auch gar nicht die Selbstoptimierung mittels Tracking sein. Es gibt ja auch noch andere Baustellen des Lebens. Und für alles ist dank Internet gleich eine Antwort parat. Doch die schnellen und vielen Antworten sind nicht unbedingt das, was uns zum Ziel führt. Vielmehr verlieren wir auf dem Weg der Selbstverbesserung in Zeiten der neuen Medien oft das aus den Augen, worum es uns ursprünglich ging: uns selbst.

Sich selbst verändern zu wollen, ist ohnehin schon eine der größten Herausforderungen überhaupt – und wenn wir nicht aufpassen, macht es uns die Technik noch schwerer. Das Ziel ist ursprünglich: Ich will mich verbessern, will mich mit mir selbst auseinandersetzen. Aber die Auseinandersetzung mit mir selbst geht schnell unter in der Vielfalt der tollen Tipps, mit denen ich überfrachtet werde. Das Internet ist voll von Blogs über das gute Leben – aber niemand stellt sich mehr direkt die Frage, was ist denn für mich das gute Leben? Bevor ich mir Gedanken mache und für mich herausfinde (oder mit Freunden diskutiere), wo ich hin will, habe ich im Internet schon eine Reihe von »Personal Coaches« gefunden, die für mich das Denken übernommen und den perfekten Weg erarbeitet haben, bevor ich überhaupt mein Gehirn eingeschaltet habe. Ein Wandeln auf ausgetretenen Pfaden – aber sind das meine Pfade?! Natürlich ist es sinnvoll, von den Erfahrungen anderer zu profitieren. Aber der automatische Reflex, erst einmal zu hören, was Google, YouTube oder die Ratgeber-Seite der Wahl zu einem Vorhaben sagen, macht auch vieles kaputt. Oftmals wäre es hilfreicher, das, was einen aktuell umtreibt, einfach mal mit dem besten Kumpel zu besprechen – auch wenn der vielleicht gar nicht so viel dazu zu sagen hat, er macht es auf jeden Fall nicht viel komplizierter.

Es sind sechs Mechanismen, die uns auf dem Weg der Selbstoptimierung im Internet in die Quere kommen können:

1. Auf der Suche nach Selbstreflexion verliert man sich leicht im Dschungel guter Ratschläge.

Das Beste aus sich herausholen, gut leben: hehre Ziele. Heute will ich zu mir selbst finden, mir bewusst werden, was ich in meinem Leben besser machen will. Zum Glück sind Ratgeber und Internet voll von Selbstversuchen und Anleitungen für das gute Leben, etwa in Form von »the perfect daily routine«[18], auf die wir noch genauer eingehen werden. Doch statt uns Gedanken zu machen, was uns persönlich wirklich wichtig ist – oder darüber bei einem Glas Wein mit Bekannten zu diskutieren -, hängen wir nächtelang auf YouTube rum, konsumieren ein Ideal-Life-Guru-Video nach dem anderen. YouTube macht es uns allerdings auch leicht, dort hängenzubleiben: Jedes Video hat einen ganzen Schwarm an weiteren Videos im Schlepptau, jedes mit dem erneuten Versprechen, interessante Inhalte zu liefern, die wir nicht verpassen wollen.

Unglücksregel 1:
Wenn du auf der Suche nach dir selbst bist – befrage das Internet-Orakel! Online-Gurus bieten die perfekte Lösung für Jedermann. Du findest sie gleich im nächsten Video (und falls nicht, dann im übernächsten).

18 http://comfortpit.com/designing-perfect-daily-routine

2. Zu viel Hilfe auf dem Weg der Selbstverbesserung kann überfordern.
Wer den leisen Gedanken hegt, sich verändern zu wollen, bekommt sofort Hilfe angeboten. Mehr als genug. Ich will glücklich werden und bin dabei gestresst. Ich habe nicht mehr ein Buch, eine Zeitschrift zur Inspiration – die Webportale von Brigitte, myself oder Men's Health bieten mir gleich fünfzig Artikel auf einmal. Alle drehen sich darum, wie ich schöner, besser, erfolgreicher, gesünder werden kann. Aber die vielen Ideale überfordern mich! Schock! So viel zu tun! Jetzt brauche ich erst mal ein Bier.

Unglücksregel 2:
Du bist ganz zufrieden mit dir, aber denkst, irgendwie könntest du mehr aus dir machen? Auf ins Internet! Du wirst schnell erkennen: Es gibt viel zu verbessern, in allen Bereichen. Du könntest sportlicher sein, gesünder kochen, eine moderne Frisur tragen, besseren Sex haben, ökologisch korrekte Kleidung tragen, und deine Ziele im Job hast du auch viel zu wenig im Blick. Bei Weitem kein Grund zur Zufriedenheit.

3. Die falsche Reihenfolge bei der Suche nach Lösungen.
Erst Reflexion, Ziel definieren, zielführende Alternativen abwägen, dann Handlung. Psychologische Theorien der Motivation und Handlungssteuerung schreiben einem Schritt besondere Bedeutung zu: Dieser befindet sich in der »prä-aktionalen Phase« und liegt zeitlich – wie der Name schon andeutet – vor der eigentlichen Handlungsphase. In der prä-aktionalen Phase wird bestimmt, welches Ziel man mit der Handlung verfolgt. Das definierte Ziel ist zentral für alles, was danach kommt. Ziele wirken motivierend, handlungssteuernd, aufmerksamkeitserregend, sind entscheidend für den Erfolg der Veränderung. Aber es

muss das richtige Ziel sein, das Ziel muss genau das fassen, was wir selbst wirklich wollen. Und wir müssen uns die Zeit nehmen, um das, was wir wollen, auch zu entdecken.

Je besser wir unsere Ziele kennen, umso besser funktioniert die Veränderung. Die Psychologen Daniel Burke und P. Alex Linley schlagen daher eine Form des »Goal-Coachings« vor, in der eine ganze Coaching-Session nur der Auseinandersetzung und genauen Definition des Ziels selbst dient, Ziel des Ziel-Coachings ist die Erhöhung der Übereinstimmung zwischen Ziel und persönlichen Werten. Man nennt das »Goal-Self-Concordance«. Der nächste Schritt ist: einen Handlungsplan machen, erst danach folgt die Aktion. Wenn die Veränderung nicht funktioniert, war es oftmals ein falsches Ziel, dem wir uns voreilig verschrieben haben.

Die heutige Medienvielfalt lässt uns die ersten wichtigen Schritte überspringen, kehrt den Prozess um. Wir werden überladen mit Vorschlägen für gute Ziele, verfallen in Aktionismus, bevor wir uns bewusst entschieden haben, was unsere Ziele sind – und wundern uns dann, warum der Veränderungsprozess so mühsam vorangeht. Aus Reflexion und Inspiration wird Überfrachtung. Bevor wir wissen, was genau in uns selbst den Impuls für den Veränderungswunsch erzeugt, haben wir tausend Impulse von außen empfangen, aus denen wir dann mühsam wieder herausfiltern müssen, was für uns bedeutsam ist. Vielleicht kommen wir auch gar nicht mehr dazu, weil wir längst damit beschäftigt sind, all die tollen Ratschläge umzusetzen.

Wieder einmal hat die digitale Welt ein Problem potenziert: Auch früher, in der analogen Welt, gab es schon eine superschlaue Freundin, die mehr gute Ratschläge, als tatsächlich gut für uns waren, zu bieten hatte. Die immer viel besser wusste, was man brauchte, als man selbst. Im Netz bekommt man Antworten von Tausend superschlauen Freunden und Freundinnen. Sie lauern überall, diese Biester.

Um voranzukommen, brauchen wir aber Leere und Konfrontation mit uns selbst – und nur mit uns selbst. Nicht mit fünfzig Videos, die uns Fragen stellen oder zwanzig Psychotests auf einmal oder durch »Selbstreflexion« in Foren. Dabei darf es sich auch ruhig mal wie Langeweile anfühlen, wie »zu wenig Input«. Ulrike Zöllner bezeichnet in ihrem Buch »Die Kunst der langen Weile« (2004) die Langeweile gar als einen Schutzraum für die Kommunikation mit uns selbst: »Der gesundheitsbewusste Mensch pflegt die Langeweile als einen Freiraum, in dem er nicht nach außen mit anderen, sondern nach innen mit sich selbst kommuniziert.«

Unglücksregel 3:
Denke nicht lange nach, was DU erreichen willst. Schau was die Medien dir vorschlagen und dann lege los!

4. Völlig aus dem Gleichgewicht – vor lauter Streben nach Balance und Perfektion.

Wir brauchen Ideale um zu wachsen. Aber sind das wirklich passende Ideale? Ideale, die gut tun? Muss alles ideal sein? Alles in Balance?

Da ist zum Beispiel die allgemein bekannte Forderung nach der Work-Life-Balance. Irgendwann wird die Balance zum Stress. Vielleicht geht es manch einem wirklich besser, wenn er eine nervige Mail noch am Samstagmorgen verschickt, als wenn er das ganze Wochenende daran denkt, dies am Montag tun zu müssen. Es ist gut, das im Auge zu haben, der Kopf soll nicht voll mit Arbeit sein. Auch die Gespräche mit Partner und Freunden sollten sich nicht immer um die Arbeit drehen. Aber meine Arbeit ist ein Teil, der mich beschäftigt.

Vom Irrsinn der Work-Life-Balance: Auch die Forschung hat anerkannt, dass der Begriff Work-Life-Balance unglücklich gewählt ist, als wäre die Arbeit ein Teil, der nicht zum Leben gehört. Eher anzustreben wäre eine Work Life Harmony[19].

Eine andere Idee ist, dass wir glücklich werden, indem wir jeden Tag perfekt begehen und uns so den perfekten Tag systematisch designen. Der Unternehmer und Blogger Jon Brooks bietet uns die Anleitung. Zuerst müssen wir eine Woche lang alle Aktivitäten dokumentieren. Er empfiehlt hierfür die App »aTimeLogger 2«. Danach folgt die »Meaning-Map«: den Aktivitäten werden Bedeutsamkeitspunkte zugewiesen. Als Nächstes stellt man sich die Frage, welche »Perfect daily routine« man sich als Coach auf Basis der Meaning-Map selbst verschreiben würde. Im Fall von Jon ist das beispielsweise morgens Mate-Tee, dann Meditation, der Tag endet mit einem Eintrag ins Dankbarkeits-Tagebuch und leichter Lektüre.

Jon betont auch, dass die perfekte Routine nicht seiner tatsächlichen täglichen Routine entspricht. Und dass man flexibel sein muss, dass es mehr darauf ankommt, die Prinzipien zu verstehen, was einem gut tut, anstatt sich sklavisch an einen Plan zu halten.

Aber ist die Idee der perfekten Routine erst mal geboren, schaffen viele Menschen genau das nicht – flexibel mit den eigenen Regeln umgehen. Wer sein Wundermittel gefunden hat (glutenfreie Ernährung, Bachblüten, grüner Smoothie), der braucht es dann auch unbedingt. So wie Selbstoptimiererin Kim aus der oben genannten WDR-Doku, die es kaum über sich bringt, ein Frühstück mit Kohlenhydraten zu sich zu nehmen und jeden Weg, den die Dreharbeiten ihr bieten, als Jogging-Einheit (miss)braucht (wir erinnern uns: ihre Aufgabe war es, für einen Tag das gemütliche Leben ihrer Gegenspielerin Kerstin nachzuvollziehen). Wenn der Tag gleich ruiniert ist, falls Mate mal aus

19 Tügel, H. (2015). Vom Wert der Arbeit. Geo Wissen Nr. 53, 2015, S. 138–146.

ist, dem täte vielleicht auch ein Non-Perfect-Day-Training gut. Wenn das Streben nach Perfektion zum Selbstzweck wird und das Unperfekte unerträglich scheint, dann habe ich eine meiner wichtigsten Fähigkeiten für das Leben auf der Erde verlernt.

Unglücksregel 4:
Habe immer die Perfektion vor Augen. Denke nicht daran, was gerade schon gut ist, sondern was besser sein könnte. Lasse nicht zu, dass du dich mit Abweichungen vom Ideal zufrieden gibst – es könnte deine Genussfähigkeit steigern.

5. Es gibt keine Lobby mehr für echte Anstrengung.

Egal, um was es geht – es gibt für alles den einfachen Weg, den Zehn-Schritte-Plan. Zu sagen, Veränderung ist einfach harte Arbeit, es ist kein leichter Weg – das muss doch heute nicht mehr sein. »Es gibt für alles eine App«, lautet das Motto in der heutigen Zeit, und das impliziert: Es muss alles leicht sein. Wenn Veränderung irgendwie anstrengend ist, dann ist es die falsche App.

Unglücksregel 5:
Es gibt für alles einen leichten Weg. Wenn es anstrengend wird, war es nicht der richtige Weg. Anstatt dich durchzubeißen, suche weiter, probiere jeden Trend, den das Internet und die App-Stores dieser Welt dir vorschlagen. Irgendwann wirst du das Geheimrezept entdecken.

6. Man hat keine Chance mehr, sich gut zu fühlen, so wie man ist.

Sich kurz mal zufrieden fühlen – und im nächsten Moment schon wieder niemand sein. Das Streben nach Perfektion ist natürlich kein Phänomen, das erst durch Technik entstanden ist.

Aber Technik macht den Vergleich direkt zugänglich, ich kann mir mein neu gefundenes Glück gleich wieder kaputt machen. Wenn ich stolz bin, dass ich die tägliche Fünf-Minuten-Meditation in mein Leben integriert habe, zeigt mir das Internet sofort jemanden, der das täglich zehn Minuten macht. Wenn ich einen neuen Trick mit dem Snowboard geschafft habe, gibt es Tausende Videos von Leuten, die es perfekter können. Und mir gleich klar machen: Du bist noch lange nicht am Ziel.

Auch hier ist es daher eine Überlegung wert, wie viel Recherche mich glücklich macht – das Internet kann bereichernd sein, ich kann dort Anregungen und wertvolle Tipps zur Verbesserung meiner Selbst finden – aber manchmal kann es gesünder sein, einfach das gerade gefundene Glück für sich zu genießen. Das Gefühl, etwas wirklich Großes für sich selbst geschafft zu haben. So wie früher. Jetzt, wo ich schwimmen kann, steht mir die Welt offen.

Ungesunde Selbstoptimierung ist natürlich auch ohne Technik schon möglich gewesen. Aber das Internet und die ganzen Selbstverbesserungs-Gadgets sind es oft, die uns das Zufriedensein verlernen lassen und uns die Ruhe zum Nachdenken über unsere wirklichen Ziele nehmen. Wir sind so sehr auf Verbesserung getrimmt, dass wir ganz aus den Augen verlieren, was genau wir verbessern wollen. Wovon wir mehr wollen in unserem Leben. Wovon ein Mehr auch mehr Glück bedeutet.

WARUM DER DRANG NACH MEHR INS UNGLÜCK FÜHRT

Der Physiker und Philosoph Stefan Klein beschreibt 2002 in seinem Buch »Die Glücksformel« den neurologischen Mechanismus, der dafür sorgt, dass wir auf immer mehr programmiert sind, selbst wenn uns »mehr« gar nicht mehr bietet. Beispielsweise völlig belanglose Punkte maximieren, als Belohnung für eine Studienteilnahme eine CD wählen, die gar nicht unserem Musikgeschmack entspricht, nur weil diese mehr Punkte »wert« ist[20]. Ähnliche Erfahrungen kennt vielleicht der eine oder andere glückliche Besitzer von Gastro-Gutscheinbüchern wie dem »Schlemmerblock«. Mit dem Schlemmerblock schlemmt man nach dem 2-für-1-Prinzip. Man bestellt zwei Gerichte, das Günstigere oder Wertgleiche ist umsonst. Und wie kann man am meisten sparen? Natürlich, indem man möglichst teure, wertgleiche Gerichte bestellt. »Ich habe dich jetzt nicht mitgenommen, damit du nur einen Salat isst«, heißt es dann. Oder »Pizza ist zwar lecker, aber das können wir ja immer essen. Da lohnt es sich eigentlich nicht.«

So ist das beim Maximieren. Was einem am besten schmeckt, worauf man gerade Lust hat, das spielt dann keine Rolle mehr. Dies deckt sich auch mit den Ausführungen von Stefan Klein zum »Immer-Mehr-Mechanismus«: Wie nützlich es ist, etwas zu bekommen, ist für den Mechanismus nicht von Interesse – er will es einfach nur haben. Gute Gefühle auf Dauer seien gar nicht das Ziel, es gehe allein darum, das Gewohnte auf irgendeine Weise zu übertreffen.

Die oben genannte Studie, bei der es als Prämie eine CD gab, ist ein Beispiel für das Phänomen, das Christopher Hsee von der Universität Chicago »Value Seeking« nennt: Das Streben nach vermeintlichen Werten, selbst wenn es sich um Pseudo-Werte handelt. In dem Moment, in dem etwas einen Wert bekommt, bestimmt es unser Handeln. Wurden die Teilnehmer einfach mit der Wahl zwischen zwei CDs konfrontiert, war die Präferenz eindeutig. Die Teilnehmer wollten lieber die

20 Hsee, C. K. (1999). Value seeking and prediction-decision inconsistency: Why don't people take what they predict they'll like the most? Psychonomic Bulletin & Review, 6(4), 555–561.

Beatles hören als Barbra Streisand. Aber als es dann hieß, die in der Versuchsaufgabe erworbenen Punkte können gegen eine CD getauscht werden, die Beatles-CD koste fünfzig Punkte, die Streisand-CD sechzig Punkte, wählten die Teilnehmer eher die Streisand-CD. So schnell führt uns der Drang nach Mehr ins Unglück. Barbara Streisand ist sicher auch schön anzuhören. Aber nicht das zu wählen, was man persönlich mehr genießen kann, steht eben dem eigenen Glück im Weg. Ähnliche Phänomene, die Christopher Hsee und Kollegen untersucht haben, sind »Medium Maximization« oder »Specification Seeking«. Das Prinzip ist immer das Gleiche: Personen lassen sich eine Metrik vorsetzen und übernehmen diese ungefragt als Maßstab – selbst wenn der attestierte Wert konträr steht zu ihren eigenen Präferenzen und dem, was sie glücklich macht. Fragt man gezielt nach einem Urteil, was das Vergnügen angeht, sind Personen in der Lage, ihre persönlichen Präferenzen zu reflektieren. Sie können sich vorstellen, welche Eissorte ihnen besser schmeckt, welche Musik sie lieber hören, wohin sie lieber einen Ausflug machen würden. Aber sobald man die Punkte ins Spiel bringt, geht es ums Punktemaximieren, und wie gut es einem dabei geht, scheint egal zu sein. Dieses Prinzip findet auch in vielen (digitalen) Spielen Anwendung. Wo es früher lediglich einen simplen Highscore gab, gibt es in modernen Spielen zahlreiche Attribute, die man »optimieren« kann. Egal, ob digitale Charaktereigenschaften des Avatars oder die Anzahl der Kühe auf der digitalen Farm: Immer liegt das Prinzip zugrunde, dass Werte auf einer willkürlichen Punktemetrik erhöht werden sollen – ein Prinzip, das süchtig macht. Und so ist es auch kein Wunder, dass viele Menschen bereit sind, so viele Stunden ihrer Lebenszeit an Spiele wie CandyCrush oder FarmVille zu verschenken, teilweise sogar noch Geld dafür zahlen, um den virtuellen Fortschritt zu beschleunigen.

Unglücksregel 6:
Mehr ist besser! Maximiere, was du maximieren kannst. Was zählt, ist das gute Gefühl, das meiste rausgeholt zu haben.

Wenn also die Punkte nicht immer Richtung Glück weisen – lässt sich dann vielleicht das Glück direkt maximieren? Zumindest nicht so direkt. Wie Anton Bucher, Professor für Religionspädagogik an der Universität Salzburg, in seinem Buch »Die Psychologie des Glücks« erklärt, ist den vielversprechendsten Glücksstrategien der Positiven Psychologie gemeinsam, dass sie Glück nicht direkt anstreben, sondern als Beiprodukt eines guten Lebens beziehungsweise tugendhaften Handelns erhoffen. Glück direkt anzuzielen, ist eine der »falschen Glücksstrategien«. Leute, die immer die beste Wahl treffen wollen, beispielsweise wenn sie essen gehen sehr lange die Speisekarte studieren und »sich kaum entscheiden können, welche Pizza sie wählen wollen« (Bucher), sind oft weniger glücklich. Dies zeigte eine Reihe von Studien zu den Effekten von Maximierungsstreben (immer die beste Wahl treffen wollen) für Konsumverhalten und Lebensgestaltung[21]. Je stärker man das Glück maximieren will, umso unzufriedener ist man am Ende. Zusätzliche glücksmindernde Faktoren sind Vergleiche zwischen einer großen Zahl von Alternativen sowie soziale Vergleiche: Was haben andere gewählt? Haben andere vielleicht eine bessere Wahl getroffen? Es ist paradox: Je stärker man sich bemüht und je mehr Informationen man berücksichtigen will, um die beste Wahl zu treffen, desto unglücklicher wird man.

---

21 Schwartz, B., Ward, A., Monterosso, J., Lyubomirsky, S., White, K., & Lehman, D. R. (2002). Maximizing versus satisficing: happiness is a matter of choice. Journal of Personality and Social Psychology, 83(5), 1178–1197.

Es ist offensichtlich, dass das Internet und soziale Medien diese Verhaltensweisen, die für das Glückserleben hinderlich sind, begünstigen. Google und Facebook liefern uns das Futter für Entscheidungsunsicherheit, Bedauern und Unzufriedenheit. Verstärkt wird diese Negativspirale noch dadurch, dass das Glück der anderen in Facebook natürlich verzerrt dargestellt wird. Jeder präsentiert sich glücklicher und leistungsstärker, als er ist, und schafft damit einen Wettbewerb, in dem alle nur verlieren können.

Unglücksregel 7:
Messe dich nicht an deinem eigenen Fortschritt, frage dich nicht, was dich persönlich glücklich macht – schau nach den anderen. Erst wenn du besser dastehst als andere, kannst du wirklich glücklich sein.

Das Schöne am digitalen Self-Tracking ist ja, dass sich die Leistungskurven so wunderbar teilen lassen. Viele Apps bieten eine direkte Anbindung an soziale Netzwerke, mit der sich die Trainingsbilanz sofort an die Freunde versenden lässt. Denn nicht nur für uns selbst, auch als Zeugnis unserer Taten anderen gegenüber, brauchen wir die ständige Dokumentation unseres erfolgreichen Lebens.

SELBSTPRÄSENTATION NACH SCHABLONE

Nicolas ist leidenschaftlicher Fotograf. Nicolas ist jemand, der sich um Bildgestaltung Gedanken macht, um die Einstellungen seiner Kamera, die Beleuchtung, alles, was so dazugehört. Er ist kein »Knipser«, seine Fotos bedeuten ihm etwas. Er ist ein Fotograf, der jedes Foto mit viel Bedacht macht. Anstatt hundert Fotos zu machen und darauf zu bauen, dass schon etwas dabei sein wird, lässt er sich Zeit und macht dann ein richtig gutes Foto. Fast wie in analogen Zeiten, als die technisch begrenzte Zahl von Fotos dieses Vorgehen noch eher nahelegte.

Vor Kurzem hat Nicolas Instagram für sich entdeckt: tolle Sache, Fotos erstellen, hochladen, kommentieren – und Likes vergeben. Komplimente per Klick – was sollte schlecht daran sein? Sehr schnell hat Nicolas allerdings gemerkt, dass sich auf Instagram praktisch alles um diese Likes dreht. Fotos werden schon mit dem Hintergedanken fotografiert und eingestellt, die Zahl der Likes zu maximieren. Bestimmte Foto-Genres bringen mehr Likes als andere, also werden die Inhalte entsprechend angepasst. Als wäre das noch nicht absurd genug, wird sogar die Tagging-Funktion dazu missbraucht, den Like-Counter künstlich in die Höhe zu treiben. Die Idee von Tags war es eigentlich, Bilder mit einem Etikett zu versehen, das den Bildinhalt beschreibt und auffindbar macht (zum Beispiel #beach oder #sunrise). Aber weil es vielen Nutzern in erster Linie um Likes geht, entstanden Tags wie #like4like. Die Idee dahinter: Du likst meine Bilder und ich like im Gegenzug deine. Eine simple Übereinkunft, Likes auszutauschen und sich so gegenseitig in den Ranglisten zu pushen. Welche Fotos da eigentlich zugrunde liegen, ist völlig nebensächlich, geradezu belanglos.

Nicolas hat die Lust auf das soziale Bildernetzwerk schnell verloren, da es schlicht nicht um das geht, was er sich erhofft hatte: um den Austausch von schönen Bildern. Obwohl er es versuchte, konnte sich auch Nicolas nicht der Jagd auf die Likes entziehen. Man kann sich zwar einreden, dass einem die Likes egal sind, aber das ist aussichtslos, wenn sich alle um einen herum verhalten, als wären sie im digitalen Klondike-Goldrausch. Nicolas wurde ebenfalls Like-süchtig, und nachdem er das erkannt hatte, fasste er den Entschluss, Instagram den Rücken zu kehren. Allerdings hatte er sich noch ein letztes Ziel gesetzt: Ein einziges Mal mehr Likes bekommen als seine Freundin, die auch auf Instagram ist und regelmäßig populärere Fotos hochlädt. Danach ist Schluss – versprochen.

Unglücksregel 8:
Nutze die Möglichkeiten, dein Glück in Bilder zu pressen und die Bilder auf Instagram in Glück zu verwandeln. Instant Happiness: Nie ging es schneller.

TECHNIKVERMITTELTE IDEALE ODER WER BESTIMMT DAS EIGENTLICH?

Wir leben in einer Welt voller Ideale: Lifestyle-Magazine, Frauen- und Männerzeitschriften sind voll von Ratschlägen, wie man ihnen näherkommen, sie erreichen kann. Die Ideale selbst werden oftmals implizit vermittelt: Es wird nicht in jeder Zeitschrift aufs Neue erklärt, dass das Ideal ist, schlank zu sein – das ist bekannt. Stattdessen gibt es direkt Anleitungen, welcher Weg zum Ideal führt, zum Beispiel in Form von Diäten oder einem innovativen Trainingsplan.

Digitale Medien und Technik machen das Gleiche – nur noch subtiler und auf noch mehr Ebenen. Nirgendwo steht, dass auf Instagram nur die Likes von Bedeutung sind. Man könnte sogar zynisch sagen, das haben doch die Nutzer so gewollt. Aber natürlich sind es auch die Funktionen jeder Plattform, jeder Technologie, jeder App, welche die Rahmenbedingungen vorgeben, innerhalb derer man sich bewegen kann. Es werden bestimmte Verhaltensweisen begünstigt und belohnt, diese treten dadurch häufiger auf – andere werden unwahrscheinlicher.

Stellen wir uns für einen Moment eine Webseite für Fotos vor, die ohne Likes auskommt, ohne öffentliche Kommentare, ohne Statistiken, wie viele Follower der Fotograf hat – nur Fotos. Was würde passieren? Würden vielleicht wieder schöne Fotos in den Mittelpunkt rücken? Sicher eine schreckliche Vorstellung für viele Like-Junkies. Man hätte gar keine Tricks mehr auf Lager, um die eigenen Inhalte bedeutsam zu machen – außer eben schöne Fotos zu schießen.

Aus unserer Sicht liegt hier ein Hauptproblem in der Gestaltung von modernen Technologien und Services: Funktionen werden dem Nutzer »angeboten«, aber die negativen Konsequenzen und Seiteneffekte von nett gemeinten Funktionen wie Likes werden dabei zu wenig berücksichtigt. Teilweise sind die Konsequenzen für die Hersteller vielleicht auch nicht überschaubar, oder sie werden billigend in Kauf genommen, weil damit die Popularität ihres Produkts gesteigert werden kann. Nutzer wie Nicolas gehen unbedarft an ein Produkt heran und tappen in Fallen, mit denen sie schlicht nicht gerechnet haben. Bevor sich die Chance zur Reflexion bietet, ist es schon passiert. Ein Ideal wie »Fotos werden gemacht, um Likes zu sammeln« ist etabliert, das man mitunter nur schwer wieder ablegen kann.

Derartige Fallen gibt es auch in der realen Welt – die digitale hebt es aber auf ein neues Level. In der digitalen Welt sind es ungleich mehr Fallen, vielfältigere und unbekannte. Und der Mechanismus, immer gleich mit der ganzen Welt in Verbindung zu stehen, macht aus allem ein Schaulaufen, eine Präsentationsplattform, ein Streben nach Anerkennung. Und am Ende bestimmt die Technik, was zählt.

WAS SOLL ICH BLOSS TUN?! JEDER ERZÄHLT MIR WAS ANDERES ZU MEINEM PROBLEM!
MAL SEHEN, WAS DAS WEB SAGT...
YouGuru
DAS WICHTIGSTE VORAB: VIELE SOGENANNTE COACHES SIND IN WAHRHEIT KEINE! DAS MUSS MAN WISSEN...
BE A GURU FOLGE #259 - DUMMSCHWÄTZER ERKENNEN
M. Arnode

IST MEIN GLÜCK FACEBOOK-TAUGLICH?
Soziale Netzwerke als Schablone für das erfolgreiche Leben

Die Frage nach dem Ziel für unseren Sommerurlaub beantworte ich nur noch ungern. So lange wie möglich rede ich mich mit: »Steht noch nicht ganz fest« raus. Wenn das nicht mehr geht und die Reise auf die Kanaren gebucht ist, ernte ich mitleidige Blicke. »Wollt ihr denn nicht mal endlich was anderes machen?« – »Uns gefällt es da sehr gut. Sonst würden wir ja nicht wieder hinwollen. Und es gibt auch immer wieder Neues zu entdecken.« – »Man kann doch so günstig nach Thailand fliegen. Sogar die Malediven wären möglich, wenn nicht zur Hochsaison. Schau mal hier, das sind Bilder aus meinem letzten Urlaub im Regenwald. Und hier, Schwimmen mit Haien in Südafrika. Und das ist eine Urzeitechse auf Bali. Immer die Kanaren – macht doch mal einen richtigen Urlaub!«

Aus den vielen schönen Möglichkeiten werden Aufgaben. Der implizite Druck, alles zu nutzen. Auch wenn man es persönlich nicht nachvollziehen kann, dass jemand immer wieder das gleiche Reiseziel wählt – muss man das persönliche Glück des anderen so abwerten? Statt: »Macht doch mal einen richtigen Urlaub!«, könnte es auch heißen: »Oh, da scheint es euch ja wirklich gut zu gefallen!« Aber für Glück abseits der Schablone ist heute kein Platz mehr. Einfach mit dem glücklich sein zu dürfen, was mich glücklich macht, das wäre zu einfach. Die Vorstellungen vom guten Leben sind in vielen Köpfen klar definiert, und soziale Netzwerke leisten ihren Beitrag dazu. So wird Facebook zur Plattform, auf der verhandelt wird, was Glück ist. Glück ist, was gelikt wird, was Aufmerksamkeit erregt, was von anderen gelesen wird. Geht man danach, scheint die perfekte Glücksstrategie: Alles ausprobieren, alle Möglichkeiten nutzen, überall gewesen sein. Wer davon abweicht und seine Fotoalben mit Bildern vom immer wieder gleichen Ort füllt, ist selbst schuld. Keine Likes auf Facebook, Kopfschütteln im realen Leben.

VIELFALT ALS DAS MASS DER DINGE

Es muss immer etwas Neues her, das Leben sehen wir vor uns als Facebook-Collage, und je bunter und vielfältiger, umso besser. Für Langeweile ist da kein Platz. Jeder Tag eine neue Story, ein Leben wie ein Film. Freude an gleichbleibenden Dingen und Routinen sind hier falsch. Und dieser Bewertungsmaßstab wird nicht mehr hinterfragt. Wir nehmen an, mit immer mehr Erleben immer glücklicher zu werden, und vergessen darüber die Optionen, die wir schon kennen und schätzen gelernt haben.

Dabei sind wir Menschen sehr schnell überfordert von der Vielfalt. Das zeigen beispielsweise zahlreiche Studien zu »Choice Overload«, also der Überforderung durch die Vielfalt an Auswahl. Schon Marmelade kann ein Grund für Überforderung sein. In ihrem Artikel »When Choice is Demotivating: Can One Desire Too Much of a Good Thing?« berichten die Forscher

Sheena S. Iyengar und Mark R. Lepper im Jahr 2000 von einer Feldstudie im Supermarkt. An einem Probierstand wurden den Kunden Marmeladen zur Verkostung angeboten. Variiert wurde dabei von Stunde zu Stunde die Auswahl an Marmeladen: Einmal waren es nur sechs Marmeladen (eingeschränkte Auswahl), die die Kunden probieren konnten, dann wieder ganze vierundzwanzig (vielfältige Auswahl). Die vielfältige Auswahl schien anfangs attraktiver: Deutlich mehr Kunden hielten an dem Probierstand, wenn dort vierundzwanzig Marmeladen zur Verkostung bereit standen. Bei dieser Auswahl sollte nun ja eigentlich jeder eine Lieblingsmarmelade finden. Aber weit gefehlt, nur drei Prozent der Kunden konnten sich nach der Verkostung dort zum Kauf entschließen. Die Kunden, die nur eine eingeschränkte Auswahl von Marmeladen vor sich hatten, waren deutlich kauffreudiger: ganze dreißig Prozent griffen zu. Auch wenn man intuitiv annehmen könnte, eine große Auswahl mache es leichter glücklich zu werden, ist oftmals das Gegenteil der Fall. Die gleichen Tendenzen zeigen sich, wenn es um die Wahl von Schokolade oder Aufsatzthemen geht. So kommen die Forscher letztlich zu dem Schluss, dass eine anfänglich attraktiv wirkende große Auswahl tatsächlich zu geringerer Konsummotivation, Frustration während des Entscheidungsprozesses und Unzufriedenheit mit der gewählten Option führt.

Auch der Psychologe Barry Schwartz spricht das Glücksverständnis westlicher Kulturen an, das die Freiheit der Wahl als Schlüssel zum Glück propagiert[22]. Schwartz widmet sich der paradoxen Situation, dass gerade in Überflussgesellschaften wie der unseren, in der dem Individuum mehr Freiheiten und Wahlmöglichkeiten als jemals zuvor offenstehen, die Häufigkeit von Depressionen und vergleichbaren Krankheiten nahezu epidemi-

22 z. B. www.ted.com/talks/barry_schwartz_on_the_paradox_of_choice

sche Ausmaße annehmen. Seiner Ansicht nach hat eben gerade die Freiheit der Wahl oft eher lähmende statt befreiende Wirkung und macht uns nicht glücklicher, sondern unzufriedener.

Unglücksregel 1:
Frage dich immer, ob du nicht noch mehr haben kannst – Optionen, die du noch nicht kennst. Treibe die Suche nach Vielfalt ins Unermessliche, und du wirst am Ende gar nichts mehr wollen.

Starbucks wirbt mit »Happiness is in your choices« – können wir wirklich glücklicher werden, indem wir die Wahl zwischen unzähligen Sirups und Milchsorten haben? Jeder kennt das Gefühl: Man steht an der Theke, weiß nicht, was man bestellen soll, und am Ende hat man den Eindruck, das Falsche bestellt zu haben. Die Verantwortung – immer die beste Wahl aus möglichst Vielem zu treffen – wird zur Bürde, im Bereich von technischen Produkten noch viel mehr als an der Kaffeebar. »Consumer Empowerment«, die heutige unendliche Vielfalt der Auswahl und unendliche Möglichkeiten der Informationsrecherche, macht es in Wahrheit schwieriger für Konsumenten, Entscheidungen zu treffen, mit denen sie glücklich sind[23]. Und wir können auch schlecht einschätzen, wie viel wir brauchen, um glücklich zu sein. Forscher sprechen beispielsweise auch von »Feature fatigue«[24]: das Phänomen, dass wir in der Situation des Kaufs glauben, unser Produkt müsse möglichst viele Features haben, damit wir damit glücklich sein können. Tatsächlich liegt das Glücks-Optimum aber weit darunter. Ein bisschen Auswahl ist gut, aber das

23 Broniarczyk, S. M., & Griffin, J. (2014). Decision difficulty in the age of consumer empowerment. Journal of Consumer Psychology, 24 (4), 608–625.

24 Thompson, D. V., Hamilton, R. W., & Rust, R. T. (2005). Feature fatigue: When product capabilities become too much of a good thing. Journal of Marketing Research, 42(4), 431–442.

Optimum ist schnell überschritten. Es wird also mit den vielen Optionen immer schwieriger, glücklich zu sein.

Unglücksregel 2:
Frage nicht, welche Features du brauchst, sondern welche du haben könntest. Auch wenn du sie niemals nutzen wirst und dein Produkt dadurch total überladen und faktisch unbenutzbar wird – die Option zählt.

Nicht die Auswahl ist das Problem – sondern die Idee, die dahinter steht: die Auswahl ausreizen zu müssen. Das Beste rausholen müssen. Sich mit dem Bisherigen nicht zufrieden geben. Das Leben wird zum Buffet, das uns überfordert.

Auch die Starbucks-Auswahl an Sirups ist nicht das Problem.

Das Problem ist die generelle Botschaft: Einfach nur einen Kaffee zu bestellen, ist uncool. Wer sich etwas wert ist, der will etwas Besonderes. Nicht einfach Latte macchiato. Nicht einfach die Kanaren. Und das Problem ist die Verantwortung, die aus der Wahl erwächst. Wäre ein Flug nach Thailand einfach sehr viel teurer, hätten wir als Kanaren-Fans kein Problem. Kein Grund, unser vermeintlich langweiliges Urlaubsziel rechtfertigen zu müssen. Man verdient als Wissenschaftler eben nicht so viel wie als Investment-Banker. Wir sind natürlich froh, dass es so viele Möglichkeiten gibt. Ist ja auch ein sehr privilegiertes Problem – für die meisten Menschen auf der Welt stellt sich die Frage, welches Land sie bereisen könnten, schließlich gar nicht. Aber umso trauriger ist es doch, dass aus unserem Glück der Freiheit auf diese Weise Stress wird. Dass es für viele keine zufriedenstellende Antwort sein kann zu sagen: »Ja, das machen wir vielleicht mal«, sondern dass es darum geht, seine Pins möglichst schnell überall auf der Welt zu verteilen. Die Welt erobert zu haben. Es geht nicht mehr um das Erlebnis an sich, sondern um die Tatsache, ein neues Land bereist zu haben. Das kann auch mal nur eine Zwischenlandung am Flughafen sein.

Unglücksregel 3:
Optionen müssen genutzt werden. Wie heißt es doch so schön, es sind immer die Dinge, die wir nicht getan haben, die wir am Ende des Lebens bereuen. Also tue alles, was geht. Egal, was es ist. Auch wenn es dir bedeutungslos erscheint – zumindest auf Facebook wird es bedeutsam.

Dieses Phänomen ist nicht unbekannt: Dan Ariely und Michael I. Norton, Experten im Bereich der Konsumentenpsychologie, nennen es »Conceptual Consumption«, wenn man sich bewusst und absichtlich auf Ereignisse einlässt, die auf physischer Ebene eigentlich negativ sind. Wenn man, um ein Beispiel zu nennen, etwa ein exotisches Essen probiert, vor dem man sich ekelt, nur um danach sagen zu können: »Juchu, ich weiß jetzt endlich auch, wie Heuschrecken-Salat schmeckt.« Es geht nicht um ein glücklich machendes Erlebnis, sondern um die Bedeutung, die man ihm zuschreibt. Es geht darum, eine weitere Trophäe auf Facebook präsentieren zu können, oder um einen weiteren Beitrag zu einer Erlebnis-Sammlung, wie Alle-Länder-bereist-Haben oder Alle-Speisen-dieser-Welt-probiert-Haben. Das Gefühl, eine Sammlung zu komplettieren, einem Ziel ein Stück näher zu kommen, versetzt uns hierbei in einen verrückten Modus: Wir fragen nicht mehr lange, was wir gerade tun oder wozu wir das tun. Hauptsache, es geht voran.

Dieser psychologische Mechanismus lässt sich natürlich auch für Marketing-Zwecke gnadenlos ausnutzen. Diese Erfahrung kennt vielleicht auch der ein oder andere, wenn man sich dazu hinreißen lässt, plötzlich Stammkunde eines Supermarkts zu werden, weil es dort Treueherzen gibt. Oder nur noch an einer bestimmten Tankstelle zu tanken, um die ersammelten Bonuspunkte irgendwann in eine grauenhafte CD oder die superpraktische Picknickdecke tauschen zu können. Hat man die ersten Herzchen in der Tasche, dann müssen es mehr werden, und plötzlich ist es egal, ob der Supermarkt wirklich die besten Angebote bietet. Besonders wirksam ist es, dem Kunden die Illusion eines bereits erreichten Fortschritts (Fachbegriff: »Artificial Advancement«) zu bieten. Dies zeigte auch die Studie eines amerikanischen Forscherteams[25], das dreihundert Bonuskarten einer Autowaschanlage verschenkte: nach acht Autowäschen, für welche man ganz normal bezahlen musste, bekam man eine Autowäsche umsonst. Das Angebot schien grundsätzlich nicht sonderlich attraktiv, nur 19 Prozent der vergebenen Karten wurden gefüllt. Deutlich attraktiver schien das Angebot allerdings, wenn die Bonuskarte statt acht Stempelfeldern zehn Stempelfelder aufwies, von denen zwei bereits gestempelt waren – ein »Geschenk« der Forscher an die Studienteilnehmer. Auch wenn die erforderliche Zahl der Autowäschen bis zur Gratis-Wäsche die gleiche blieb – der Eindruck, bereits einen Teil des Wegs zum Ziel zurückgelegt zu haben, motivierte die Teilnehmer ungemein. Signifikant mehr, nämlich 34 Prozent der Teilnehmer, nutzten das Angebot (und bezahlten acht komplette Autowäschen!), wenn die Stempelkarte ihnen die Illusion eines Teilfortschritts vermittelte.

Unglücksregel 4:
Frage nicht wonach du strebst – Hauptsache es geht voran! Hauptsache, du näherst dich einem Ziel. Was auch immer es sei.

25 Nunes, J. C., & Drèze, X. (2006). The endowed progress effect: How artificial advancement increases effort. Journal of Consumer Research, 32(4), 504–512.

Der Mechanismus wirkt natürlich nicht nur, wenn es ums Autowaschen geht. Ein ähnliches Verhalten legen wir an den Tag, wenn es um unser Leben geht. Das Leben als Bonuskarte, die es zu füllen gilt. Die Doktorarbeit von Anat Keinan, die heute an der Harvard Business School lehrt, beschreibt, wie Personen Punkte auf einer Erlebnis-Checkliste abarbeiten: die Entscheidung für ein Erlebnis wird nicht aus der Freude am Erlebnis heraus getroffen, sondern um den Erlebnis-Lebenslauf, den sogenannten »Experiential CV« – CV ist die Abkürzung des lateinischen Begriffs »Curriculum vitae« für Lebenslauf – zu optimieren. Personen übernachten in Eishotels statt in warmen Betten, essen Bacon-Eiscreme statt Stracciatella – kurzum, sie nehmen negative Emotionen und abschreckende Erfahrungen in Kauf, um auf dem Erlebnis-CV etwas vorweisen zu können. Facebook ist genau das! Eine Bühne für den schönsten Erlebnis-CV. Und um die Dokumentation des gesamten, wunderbar aufregenden Lebens noch perfekter zu machen, gibt es seit einigen Jahren nun auch die Facebook-Timeline, eine digitale Chronik, in der der eigene Lebenslauf (und der von Freunden) festgehalten werden kann.

Surfen im Eisbach bei Minusgraden – sicher auch ein Highlight für den Experiential CV

FACEBOOK ALS GLÜCKS-SCHABLONE

Das alles ist Ausdruck von fehlendem Respekt für individuelles Glück. Die Tatsache, dass Menschen unterschiedlich sind und an unterschiedlichen Dingen Glück empfinden, ist nicht neu. Mountainbiker können beispielsweise oft nicht verstehen, wie man Rennradfahren vorziehen kann. Es müssen ja auch nicht allen Leuten die gleichen Dinge Spaß machen – wichtig ist nur, den Respekt vor den persönlichen Glücksmomenten anderer zu bewahren. Dieser Respekt geht immer mehr verloren in der Art und Weise, wie durch neue Medien kommentiert und bewertet wird. Technik schafft einen Rahmen, der eine bestimmte Art von Glückserleben nahelegt. Präsentiere dich und dein Leben. Zeig uns deine Vielfalt. Die Art der Darstellung legt nahe, dass ein erfolgreicher, glücklicher Mensch überall war und alles erlebt hat. Eine tolle Timeline bekommt man natürlich nur, wenn man die Vielfalt optimiert. Ein Foto vom gleichen Strand noch mal – das bringt nichts. Wir wollen niemandem unterstellen, das Leben bewusst nach einem tollen Facebook-Profil zu planen (hoffentlich nicht!). Aber dennoch gibt es oft eine erstaunlich hohe Deckungsgleichheit zwischen dem, was Menschen tun und fotografieren wollen, und dem, was dann später auf Facebook, Instagram oder sonst wo im Netz gut aussieht. Eine gute Frage für den persönlichen Glückscheck wäre vielleicht: »Würde ich das genauso gerne machen, wenn ich keine Kamera dabei hätte?«

Oft entsteht auf diese Weise auch ungewollter Wettbewerb. Ich will eigentlich nur jemandem meine Fotos zeigen, aber in dem Moment, wo ich sie hochlade, stehen sie in Konkurrenz zu den vielen anderen tollen Bildern von Traumstränden, die meine Facebook-Freunde schon gemacht und gesehen haben. Auf einmal sind meine eigenen Bilder gar nicht mehr so toll.

Unglücksregel 5:
Nutze vor allem solche Plattformen, die dein Glück in Zahlen gießen. Das macht den Vergleich viel einfacher: du siehst nicht nur, wie glücklich du selbst bist – wie viele Freunde du hast, wie viele wunderbare Momente du als Teil deines Lebens zählen kannst –, sondern auch gleich, wer noch glücklicher ist als du.

Alles in allem ist die Idee, Facebook als Bereicherung des Alltags zu nutzen, ein eher gewagtes Unterfangen. Was als nette Spielerei beginnt, endet allzu oft in einem Kreislauf, der die Psyche jeden Tag aufs Neue strapaziert.

Emotionsregulation mit Facebook
8:00 morgens, noch halb verschlafen, erst mal Facebook checken ...
8:30 verärgert, 30 Minuten verschwendet mit Schrottnachrichten und Informationsmüll von Angebern
12:00 Mittagspause, lange nichts mehr gepostet, schnell mal das Mittagessen fotografiert, ein weiterer Sinnlos-Post
15:00 verärgert über die blöden Kommentare über mein Mittagessen – dabei bin ich extra deshalb zu diesem Restaurant gegangen. So ein Undank.
22:00 Hoffnung, noch mal Facebook checken, irgendwann muss ja mal was Interessantes kommen.
23:00 Müdigkeit, das zehnte Katzenfoto des Tages kann auch nicht mehr aufmuntern, Laptop aus, ab ins Bett.
23:30 noch mal schnell im Bett Facebook checken, dafür hat man ja sein Smartphone.

Im Nachhinein werden viele Facebook-Sessions als verzichtbar angesehen. Eigentlich hätte man es sich eher sparen und die Zeit sinnvoller nutzen können. Warum dann besuchen Facebook-Nutzer die Plattform so häufig und ausdauernd, wenn doch meist nichts Wichtiges zu erfahren ist? Würde ein wöchentlicher Besuch nicht auch ausreichen, um die Perlen abzugreifen?

Lerntheoretisch betrachtet ist dieses Phänomen leicht erklärbar: Facebook ist offensichtlich nicht vollkommen sinnlos. In unregelmäßigen Abständen bietet Facebook ja durchaus Belohnungen: Schöne Bilder, gute Berichte, interessante Informationen. Dies sind die positiven Anreize, die Seite zu besuchen. Wann genau wir für das Verhalten »Facebook-Besuch« belohnt werden, ist jedoch nicht vorhersehbar. Mal folgt eine Belohnung, oftmals nicht. In der behavioristischen Lerntheorie nennt man dies einen intermittierenden Verstärker oder umgangssprachlich »Manchmal-Verstärker«. Andere Arten von Verstärkern in der Lerntheorie sind der Quotenverstärker, bei dem das Zielverhalten nach einer festen Anzahl des Auftretens belohnt wird, beispielsweise jeder fünfte Facebook-Besuch. Oder der kontinuierliche Verstärker, auch genannt »Immer-Verstärker«. Hierbei wird das Zielverhalten jedes Mal belohnt – auch dies liegt bei Facebook offensichtlich nicht vor.

Intermittierende Verstärkung, wie Facebook sie bietet, zählt zu den wirksamsten und am längsten anhaltenden Mechanismen, um Menschen ein gewünschtes Verhalten anzutrainieren. Charakteristisch für diesen Lernmechanismus ist, dass das Verhalten auch dann bestehen bleibt, wenn der Verstärker schon längst nicht mehr auftritt. Man kann ja nie wissen, ob nicht doch noch einmal die Belohnung kommt. Das Ganze erinnert stark an Spielautomaten, die nach dem gleichen Prinzip funktionieren: Man wirft Geld ein – und verliert. Aber eben nicht immer, gelegentlich gewinnt man auch, was einen bei der Stange hält, immer getrieben von der Hoffnung, unter dem Strich positiv aus der Sache herauszukommen.

Man könnte jetzt natürlich einwenden: Warum muss man das eigentlich alles so kritisch sehen? Neue Medien schaffen eben eine neue Form von Glück. Eine, die aus Likes auf Facebook, Followern auf Twitter-Followern und anderen Arten des Beifalls in sozialen Netzwerken besteht und damit ja viel leichter greifbar und erreichbar wird. Es uns also auch leichter macht, glückliche Menschen zu werden. Die Anleitung zum Glücklichsein suchen die Menschen doch seit jeher, und jetzt haben wir zumindest ein paar konkrete Ansatzpunkte. Das Internet ist voll von Tutorials wie: »In 7 Schritten zu mehr Followern auf Twitter«. Es gibt konkrete Dinge, die man tun kann. Ganz gemäß des American Dreams: Jeder ist seines Glückes Schmied. Die Möglichkeiten für den Einzelnen sind heute größer denn je, weil jeder theoretisch die Chance hat, über YouTube berühmt zu werden. Jeder hat auf Facebook die Chance, die eigene Biografie zu präsentieren. Also gehen wir es doch einmal analytisch an: Wie sieht es aus, wenn wir Facebook durch die Brille der Glücksforschung betrachten? Und wie schlägt sich Facebook, wenn wir den Maßstab historischer Glücksvorstellungen anlegen?

FACEBOOK DURCH DIE BRILLE HISTORISCHER GLÜCKSVORSTELLUNGEN

Wir beginnen unsere Analyse mit einer Expertenmeinung: Jo Reichertz, Professor für Kommunikationswissenschaft an der Universität Duisburg-Essen, äußert sich in seinem Artikel »Glück als Konsumgut?« 2013 zur Rolle der Massenmedien bei der Produktion heutiger Glücksvorstellungen und stellt diese dem Glückswissen der griechischen Mythologie gegenüber.

Reichertz stellt heraus, dass sich die Vorstellungen über Glück im Laufe der Zeit verändert haben – und mit den Vorstellungen unser Umgang mit dem Glück. Seine Grundthese vom Glück als Konsumgut besagt, dass Glück heute immer mehr zu etwas wird, dass man sich erarbeiten, quasi »erkaufen« kann – und etwas, »das anderen gezeigt werden kann und muss«. Dies steht im krassen Gegensatz zum Glückswissen der griechischen Mythologie: Früher galt das Glück als launenhaft und eigensinnig, etwas, das dem Mensch zufiel oder nicht. Glück war im wahrsten Sinne des Wortes ein Glücksfall. Die Glücksregel der Antike lautete daher: »Wenn dir Glück gegeben wird, posaune es nicht laut hinaus und behaupte nie, das Glück allein eigener Leistung zu verdanken.« Heute gelten andere Regeln: »Sich und der Gesellschaft zeigen zu wollen oder zu sollen, dass man glücklich, also auch erfolgreich ist, bringt immer die Notwendigkeit mit sich, dieses Glück auch darzustellen, es in Szene zu setzen – es zu inszenieren.«

Reichertz beschreibt in seinem Artikel sieben Tendenzen in der Entwicklung von früheren Glücksvorstellungen hin zum Glück im Zeitalter heutiger Medien:

1. Von der Gabe zum Zwang: Glück wird nicht von außen zugeteilt, sondern kann von Akteuren durch bestimmte Praktiken »herbeigezwungen« werden.
2. Von der Hoffnung zur Arbeit: Glück wird nicht passiv erwartet, sondern aktiv und systematisch erarbeitet.
3. Von dem langsamen Erwerb zur »Instant Gratification«: Glück wird nicht mehr Schritt für Schritt erworben, sondern soll sich am besten sofort einstellen.
4. Von innen nach außen: Glück wird nicht mehr durch die Zuwendung zum eigenen Inneren angestrebt, sondern durch die Orientierung auf Äußeres.
5. Vom Verbergen zum Zeigen: Glück wird nicht mehr im Stillen genossen, sondern theatral zur Schau gestellt.

6. Vom Kleinen zum Großen: Glück ist immer weniger das kleine Glück, sondern immer mehr das große und das noch größere Glück.
7. Von der Ausnahme zur Regel: Es genügt nicht mehr, einmal Glück erlangt zu haben. Man will das Glück immer wieder und immer öfter.

Diese Tendenzen machen es für uns alle zunehmend anstrengender, glücklich zu sein. Wie Reichertz erklärt, wird Glück intensiver – in Quantität und Taktung. »Wer glücklich sein oder von anderen glücklich genannt werden will, muss heute mehr tun als gestern und morgen mehr als heute – was in den Medien dazu führt, dass die Glückssuche verbissener und unbarmherziger wird.«

Das Bedürfnis nach der Zurschaustellung des Glücks und der Selbstinszenierung ist natürlich nicht neu. Neu ist, dass uns heute mehr Möglichkeiten zur Verfügung stehen, als uns gut tut. Ulrich Pfisterer, Professor für Kunstgeschichte an der Münchner Ludwig-Maximilians-Universität, bringt es in einem Interview[26] folgendermaßen auf den Punkt: Vor rund fünfhundertfünfzig Jahren, in der Renaissance, gab es die erste Porträtschwemme. Und schon die Selbstbilder von damals waren kein Abbild der historischen Wirklichkeit, sondern »Versuche, ein bestimmtes Bild von sich selbst zu vermitteln«, mit dem »bestimmte Funktionen und Absichten verfolgt wurden«. Den Unterschied zwischen Facebook und Renaissance sieht Pfisterer nicht in der Inszenierung der eigenen Biografie an sich – da Inszenierung ein Grundprinzip des Porträts darstellt. »Neu ist, dass dies nun jeder in beliebiger Bilderfülle tun kann.«

---

26 Einsichten – Das Forschungsmagazin, 2/15, S. 34–41.

Auch das Spiel mit unterschiedlichen Rollen und die Beeinflussung der Realität durch Bilder waren in der Renaissance schon vorhanden. Doch während die gewünschte Realität früher in einem monatelangen Prozess erschaffen wurde, erhöht Facebook auch hier das Tempo. Ständig muss die Rolle, die wir verkörpern wollen – das glückliche Partygirl, der souveräne Politiker, die erfüllte Familien- und Karrierefrau, der erfolgreiche Jungunternehmer, der kritische Denker – neu bestätigt werden. Wer nichts von sich hören lässt, wirkt nicht authentisch. Wie Pfisterer beschreibt, geht es bei der modernen Rolleninszenierung immer weniger um das Erlebnis an sich, sondern um das Bild, das nach außen vermittelt wird. Die Party muss nicht wirklich gut sein, aber das Party-Selfie, das ich bei Facebook poste, sollte danach aussehen.

Facebook hat das Bedürfnis, sich selbst zu inszenieren, sein Glück zur Schau zu stellen und sich über andere zu erheben, nicht geschaffen, beflügelt es jedoch in ungesundem Maße. Mehr als dies jemals möglich war, und mehr als uns guttut. Dass es tatsächlich mehr als gut ist, zeigen die oben genannten Studien sowie die Betrachtungen aus der Perspektive der Glückspsychologie im folgenden Abschnitt.

Die alten Griechen hätten über Facebook wahrscheinlich nur die Köpfe geschüttelt. Facebook wäre für sie allenfalls als Strafe der Götter vorstellbar gewesen, aber nicht als verheißungsvoller Pfad zum Glück.

Unglücksregel 6:
Zeige dein Glück den anderen – sonst ist es gar nicht da. Scheue keine Anstrengung, gönn dir keine Pause, nur durch regelmäßige Postings bleibt dein Glück aktiv. Egal wie du dich wirklich fühlst – deine Freunde sollen dich glücklich sehen.

FACEBOOK DURCH DIE BRILLE DER GLÜCKS-FORSCHUNG

Die Glücksforschung verrät uns nicht nur, was Leute im Allgemeinen glücklich macht, sondern auch, was uns gerade nicht glücklich macht. Dies zeigt auch die Sammlung »negativer Glücksstrategien« in dem Werk »Psychologie des Glücks« von Anton Bucher, Professor für Religionspädagogik an der Universität Salzburg. Dazu zählen beispielsweise, Glück willentlich anzustreben, Glück maximieren zu wollen, extensive Vergleichsmöglichkeiten und unendliche Informationsmöglichkeiten. Viele neue Medien und technikgestützte Praktiken unterstützen genau das – und erweisen sich damit eher als Glücksfalle denn als Glücksfall für die Menschheit – zumindest, was bestimmte Aspekte angeht.

Glücksfalle 1: Maximale Vielfalt

Wie anfangs bereits ausgeführt, ist maximale Vielfalt das zentrale Qualitätskriterium für einen beeindruckenden »Erlebnislebenslauf« – auch genannt »Experiential CV« oder die »Timeline« auf Facebook. Die bereits genannte Marketing-Spezialistin Anat Keinan erforscht in Harvard, wie die Jagd nach dem buntesten Lebenslauf Menschen zu Erfahrungen treibt, die sie sonst eher abschrecken würden. Sie nehmen zum Beispiel körperliche Schmerzen in Kauf, gehen über Grenzen hinaus, nur um ihrem »Profil« ein weiteres außergewöhnliches Erlebnis hinzufügen zu können. Allein die Tatsache, dass man etwas noch nicht erlebt hat, ist ein Grund, es zu erleben. Auch die Autorin Ulrike Zöllner diskutiert in ihrem Buch »Die Kunst der langen Weile«, wie die Jagd nach der maximalen Vielfalt im Leben sich am Ende häufig doch nicht auszahlt und negativ zurückschlägt: »Alles soll möglich sein und alles soll Platz haben in diesem einen Leben. Die atemlose Jagd nach dem noch nicht Gesehenen und dem noch nicht Erlebten kehrt sich um: Aus den Jägern werden die Gejagten. Die Optionen gewinnen ein dynamisches Eigenleben, sie fordern nicht nur auf, sie fordern ein: unsere Aufmerksamkeit, unsere Energie, unsere Zeit, unser Interesse [...] Zuviel für die Ressourcen vieler Menschen [...] Wer alles will, wird am Ende gar nichts haben.«[27]

Auch wenn es sicherlich nicht jeder bis ins Extrem treibt – gefährlich ist, dass sich die Vielfalt zur Maxime entwickelt hat, die von vielen nicht mehr hinterfragt wird. Ob es uns guttut, so vielfältig zu sein, ist gar nicht mehr die Frage – nur noch, wie wir die Vielfalt erreichen. Das menschliche Programm für Wohlbefinden ist nicht ausgerichtet auf eine derartige Fülle von Stimulation und Abenteuer, wie es ein Facebook-Profil verlangt. Gesünder wäre ein Rhythmus, wie ihn der klassische Foto-Jahreskalender vorsieht – also durchschnittlich ein Foto pro Monat, ein besonderer Moment, an den man sich gerne zurückerinnert, eine Erinnerung, die man auch gerne mit Freunden oder Familie teilt. Nicht umsonst sind die Foto-Kalender jedes Jahr wieder unter den Favoriten der Weihnachtsgeschenke. Eine gesunde Tradition mit Maß – wem es schwerfällt, unter den Fotos des Jahres zwölf besondere herauszusuchen, der kann stolz sein auf sein bewegtes Leben. Auf Facebook kann niemand mehr stolz sein, denn es gibt immer jemand, der es noch aufregender und abwechslungsreicher hat. Habe ich beispielsweise Freunde, die als Flugbegleiter oder in der Promi-Branche arbeiten, kann ich es eigentlich gleich vergessen, hier noch glücklich zu werden. Denn meine Erlebnisse stehen immer im direkten Vergleich zu anderen und können nur dagegen abfallen.

---

27 Zöllner, U. (2004). Die Kunst der langen Weile: Über den sinnvollen Umgang mit der Zeit. Kreuz. S. 123.

Glücksfalle 2: Seitenblicke

Eine weitere Glücksfalle besteht in den Seitenblicken. Natürlich ist man auf Facebook, um zu sehen, was die anderen so machen. Um etwas über das Leben der »Freunde« zu erfahren. Problematisch dabei ist, dass wir diese Informationen nicht einfach neutral wahrnehmen können – uns vielleicht sogar am Glück anderer erfreuen können –, sondern oftmals negative Schlussfolgerungen für unser eigenes Glück und das Leben insgesamt ziehen. In einer Studie mit dem bezeichnenden Titel »They are happier and having better lives than I am: the impact of using Facebook on perceptions of others' lives« untersuchten die amerikanischen Forscher Grace Chou und Nicholas Edge die bleibenden Eindrücke der Facebook-Nutzung, was die Einschätzungen des eigenen Lebensglücks betrifft: Je länger man Facebook nutzt, umso eher sehen die Teilnehmer das Leben als unfair an. Und je mehr Zeit man wöchentlich auf Facebook zubringt, umso eher ist man der Überzeugung, dass andere glücklicher sind als man selbst und ein besseres Leben haben. Diese Tendenz ist besonders stark unter Facebook-Nutzern, die viele Facebook-Freunde haben, die sie persönlich nicht kennen. Wen wundert es: Bei Personen, deren reales Leben ich gar nicht kenne, fällt es natürlich noch schwerer, jene Vortäuschungen herauszurechnen, die der Selbstinszenierung dienen. Wir alle wissen, dass man nicht alles glauben soll, was im Internet erzählt wird, wir können uns denken, dass die Informationen, denen wir uns auf Facebook aussetzen, geschönt sind, also per se schon mal ein »glücklicheres« Bild unserer Mitmenschen zeichnen, als es der Realität entspricht. Doch auch wenn wir das theoretisch alles wissen, die negativen Effekte für unsere Psyche sind trotzdem vorhanden. Ich bin neidisch, auch wenn ich mir selbst dazudenke, dass das Foto womöglich bearbeitet ist oder die Frau gar nicht soo glücklich ist, wie sie schreibt. Trotzdem sehe ich diesen Eintrag – und ein »Auch-haben-wollen-Gefühl«

macht sich breit. Wechselseitiger Neid ist eine der ungesündesten Erfahrungen für unser Glück. Wie es schon der französische Philosoph Michel de Montaigne im 16. Jahrhundert formulierte: »Wenn ein Mensch nur glücklich sein wollte, wäre dies nicht so schwer, aber er will glücklicher als andere sein, und dies ist fast immer schwer, denn wir stellen uns die anderen glücklicher vor, als sie sind.« Indem wir das eigene Glück von dem Glück anderer abhängig machen, begeben wir uns auf einen Weg, auf dem wir nur verlieren können. Natürlich finden wir immer jemand, von dem wir den Eindruck haben, er sei glücklicher. Und auf Facebook geht das überdies viel schneller als überall sonst. Facebook begünstigt es, sich die anderen glücklicher vorzustellen als sie sind. Man könnte sogar sagen, es ist das eigentliche Ziel des Facebook-Profils: Es geht nicht um Einblicke ins tatsächliche Leben – die gewähre ich nur engen Freunden beim (selten gewordenen) Face-to-Face-Kaffee. Auf Facebook geht es genau darum: glücklicher auszusehen als man ist. Paradoxerweise kennt das Glücks-Wettrüsten auf Facebook keine Gewinner. Jeder glaubt, das Glück des anderen sei größer – am Ende stehen ungesunde Emotionen wie Neid und Eifersucht und sogar grundlegende negative Überzeugungen über die Gerechtigkeit des Lebens, welche schließlich auch mit ernsthaften Krankheitsbildern wie Depression in Verbindung stehen.

Glücksfalle 3: Ein Leben für den Erfahrungsbericht

Was auf Facebook anfängt – das eigene Leben mittels Technik für den Rest der Welt dokumentieren –, findet seine Erweiterung in zahlreichen Blogs. Problematisch für unser Glück ist es, wenn das Bloggen zum Selbstzweck wird und das Berichten die Erfahrung verdrängt. Wer im Moment der Erfahrung schon weiß, dass diese später in einem Post oder Blog-Eintrag münden wird, erfährt die Dinge anders, sucht Erfahrungen, über die sich berichten lässt.

Wie eng die Art der Berichte mit unserem Selbst und der Psyche verknüpft sind, zeigt auch eine inhaltliche Analyse von Facebook-Updates im Zusammenhang mit Persönlichkeitseigenschaften[28]: Beispielsweise berichten narzisstische Persönlichkeiten vorrangig über sportliche Leistungen und andere Errungenschaften, auch Diät-Erfolge sind ein beliebtes Thema. Personen, die besonders extravertiert sind, berichten hingegen lieber über soziale Aktivitäten. Bei alldem gilt gleichermaßen: eine Erfahrung nur für sich selbst zu machen genügt nicht – bedeutsam wird sie erst durch den Bericht.

Was Facebook hier fortsetzt, ist psychologisch gesehen nur allzu nachvollziehbar. Dass Erlebnisse, über die ich mit anderen nicht sprechen kann, quasi wertlos sind, zeigt eine Studie der beiden Psychologen Amit Kumar und Thomas Gilovich von der Cornell University[29]: Aus einer Auswahl von Attraktionen konnten die Teilnehmer eine persönliche Wunschliste zusammenstellen. Bei der einen Hälfte der Versuchsteilnehmer handelte es sich um Erlebnis-Attraktionen wie bestimmte Reiseziele, bei der anderen Hälfte um materielle Güter wie Unterhaltungselektronik. Danach wurden die Teilnehmer in beiden Fällen vor die folgende hypothetische Wahl gestellt: Platz 1 ihrer Wunschliste erfüllt zubekommen, aber mit niemandem darüber sprechen zu dürfen. Oder Platz 2 ihrer Wunschliste erfüllt zu bekommen und auch anderen davon berichten zu können. Die Einschränkung, mit niemandem sprechen zu können, schien für die Erfüllung materieller Wünsche kein großes Problem, nur 33 Prozent der Teilnehmer entschieden sich für Platz

---

28 Marshall, T. C., Lefringhausen, K., & Ferenczi, N. (2015). The Big Five, self-esteem, and narcissism as predictors of the topics people write about in Facebook status updates. Personality and Individual Differences, 85, 35–40.

29 Kumar, A., & Gilovich, T. (2015). Some »thing« to talk about? Differential story utility from experiential and material purchases. Personality and Social Psychology Bulletin, 1–12.

2 ihrer Wunschliste. Die Einschränkung aber, über ein Erlebnis niemandem berichten zu können, schien weitaus gravierender. 78 Prozent der Teilnehmer entschieden sich für Platz 2 der Erlebnis-Wunschliste – das Erlebnis auf Platz 1, das sie also per se attraktiver fanden, war so gut wie nichts mehr wert, wenn sie es für sich behalten mussten.

Facebook baut also auf einen starken psychologischen Mechanismus – wenn wir etwas Tolles erleben, wollen wir auch darüber berichten. Das Problem, das Facebook schafft, ist, dass sich die Verhältnisse schnell umkehren: Wir erleben nun einmal häufig nichts Tolles, wollen aber trotzdem berichten. Das Resultat sind oft belanglose Fotostrecken, überflüssige Kommentare und aufgebauschte Geschichten. Oder auch: die Betrachtung des eigenen Lebens als fortwährendes Selbstexperiment, über das sich wiederum weitschweifend berichten lässt. Beliebt sind hier beispielsweise Zwei-Wochen-Tests sogenannter neuer Konsumstile wie Anti-Consumption, Simple Life, Shared Consumption und so weiter. Die Berichte im Internet offenbaren das Offensichtliche: Ein Leben ohne Geld bedeutet auch, morgens keinen Kaffee mehr bei Starbucks zu kaufen. Und auch, nicht spontan ein Kleid bei Zara mitzunehmen. Wer erwartet, etwas über weitergehende Reflexionen und Motivationen zu erfahren – etwa: Warum hält jemand einen Verzicht auf Geld für erstrebenswert oder zumindest für des Ausprobierens würdig –, wird oftmals enttäuscht. Es geht kaum noch um die persönliche Bedeutsamkeit, die man der Erfahrung zuschreibt. Die Erfahrung zu teilen, ist genug. Der Deckmantel des Testens (und darüber Berichtens) setzt alle Filter außer Kraft.

So kursieren auch zahlreiche Testberichte über die Dating-App Tinder. Die Frage, ob ich es persönlich gut finde, Menschen durch eine beiläufige Geste als hopp oder top bewerten zu lassen, rückt in den Hintergrund. Auch, ob es eigentlich unmoralisch ist, Personen, die hier ernsthaft auf Partnersuche sind, für »Testzwecke« zu daten, wird selten diskutiert. Etwas auszuprobieren und darüber zu berichten erhält fast den Anschein, »man tue es für die Wissenschaft«.

Gesund für unsere Psyche scheint das ganze Bloggen übrigens auch nicht zu sein: Eine Studie unter Nutzern der Internet-Plattform Myspace.com zeigte angehende Blogger als niedergeschlagener, gestresster und sozial weniger integriert als Nicht-Blogger[30]. Die gut erforschten positiven Effekte des (privaten) Tagebuchschreibens auf das Wohlbefinden scheinen demnach nicht so einfach auf den Blog, das öffentliche Online-Tagebuch, übertragbar. Die Gewissheit, ein Erlebnis öffentlich zu beschreiben, verändert das Erlebnis und die Wahrnehmung. Statt um mich selbst geht es plötzlich mehr um das Bild für die Öffentlichkeit. Und ständig etwas berichten zu müssen, erzeugt schlicht Stress.

Dies zeigt auch die Aussage der Medienjournalistin Kati Krause, die in ihrem Artikel »Facebooks psychische Störung« (Zeit Online, 12/2015) über ihre ganz persönlichen Erfahrungen mit Facebook und sozialen Medien berichtet und diese schließlich um ihrer psychischen Gesundheit willen stark reduziert hat: Schon der Gedanke daran, wie sie früher durchs Leben gegangen ist und es im Geiste zu Tweets formatiert hat, versetzt sie heute in Anspannung. Trotz ihrer vielen negativen Erfahrungen und der starken Vorwürfe, die Krause an Facebook richtet – ihrer Meinung nach das gefährlichste aller sozialen Netzwerke –, scheint sie dem totalen Ausstieg noch nicht gewachsen. Vorerst bleibt es bei dem Statement: »Ich wünsche mir manchmal, ich wäre stark genug, um mein Facebook-Profil zu löschen.«

---

30 Baker, J. R., & Moore, S. M. (2008). Distress, coping, and blogging: Comparing new Myspace users by their intention to blog. CyberPsychology & Behavior, 11(1), 81–85.

Glücksfalle 4: Verordneter Glückszwang

Schließlich ist auch der Glückszwang, den uns Facebook und andere Internet-Portale verordnen, eine Gefahr für sich. Die Möglichkeit, ständige Selbstberichte abzugeben, setzt indirekt voraus, dass es hier ständig etwas zu berichten gibt. Und zwar positive Nachrichten! Oder zumindest Aufreger oder spannende Diskussionsfragen. Dass das Leben einfach mal nicht besonders spannend ist, ist nicht vorgesehen. Auch die vielen Blogbetreiber bauen darauf, dass es etwas zu berichten gibt. Blogs, auf denen nichts passiert, sind ganz schnell tot. Wenn es dann dazu kommt, dass gepostet wird, nur damit irgendwas passiert (»den Traffic hoch halten«), entwerte ich damit mein eigenes Leben. Es geht nicht mehr um die intrinsische Motivation. Intrinsische Motivation liegt vor, wenn eine Handlung um ihrer selbst willen und aus innerem Antrieb vollzogen wird. Man berichtet etwas, weil man es gerne berichten möchte. Vielmehr geht es jedoch um die extrinsische Motivation, das heißt, die Handlung nur aufgrund eines äußeren Anreizes, einer Belohnung durchzuführen. Man berichtet also nur, weil es einen neuen Eintrag geben muss.

Ein ähnliches Phänomen gibt es auch in der Arbeitswelt. Der Psychologe Volker Kitz mahnt, die Arbeit endlich wieder als das zu sehen, was sie ist: ein Tausch von Zeit gegen Geld. Das ist an sich kein Problem – das Leid entsteht laut Kitz erst dadurch, dass wir uns ständig gegenseitig vormachen, es wäre alles ganz anders. Der ständige Druck zur Selbstverwirklichung in der Arbeit bringt Frust, und selbst wenn etwas wirklich Spaß macht, macht es dann keinen Spaß mehr, wenn der Spaß an der Arbeit zuvor verordnet wurde. Ähnlich verhält es sich auf mit dem Glück auf Facebook: Je mehr uns Facebook vorgaukelt, dass das Leben toll sein muss, umso frustrierender wird es. Wir schaffen es nicht mehr, das Leben an sich toll zu finden. Externe Motivation durch Likes zerstört die interne Motivation.

Dies ist im Übrigen ein bekanntes psychologisches Phänomen und nicht nur auf Facebook beschränkt: Durch externe Anreize kann die intrinsische Motivation nachhaltig zerstört werden. Die gleiche Tätigkeit, die einem früher Spaß gemacht hat, macht keinen Spaß mehr, wenn sie zwischenzeitlich durch einen externen Anreiz wie Geld oder andere Belohnungen überlagert wurde. Dies zeigt, wie leichtfertig viele Funktionen wie Likes oder Freunde-Zähler in moderne Technik eingebaut werden, ohne ihre eigentlich bekannten negativen Folgen zu berücksichtigen.

Glückspsychologisch betrachtet sind viele von Facebook und anderen Internetportalen geförderte Praktiken somit eher kritisch zu bewerten. Sie unterstützen genau das, was unser Glück in Gefahr bringt. Die Macher von Facebook und anderen Plattformen werden hier allerdings kaum einen Riegel vorschieben. Es ist auch nicht zu erwarten, dass Begrenzungen, was die Zahl der Fotos oder Posts angeht, auftauchen werden – es geht ja nicht darum, Leute glücklich zu machen, sondern auch darum, Raum zu bieten, sich gegenseitig zu übertrumpfen, hochzuschaukeln, Klicks und Werbeeinnahmen zu generieren. Am Ende sind wir somit also wieder selbst gefordert.

FÄHIGKEITEN ZURÜCKEROBERN: DIE FREUDE AM BEKANNTEN

Wer es sich leisten kann, hat jedes Land der Erde bereist, hat jedes Lokal der Stadt getestet und alle hundertdreiundfünfzig Gin-Sorten probiert, die die Karte hergibt. Hundertzweiundfünfzig davon haben mir nicht geschmeckt, wäre ich doch gleich bei der ersten geblieben. Wir testen und probieren selber gerne und wollen keineswegs ein Plädoyer für Monotonie halten. Aber wir sind für eine Rückbesinnung darauf, dass man

Gutes auch wiederholen darf, sich nicht von den Möglichkeiten unter Druck setzen lassen muss. Sich auch einfach mal am Altbekannten erfreuen und glücklich sein, dass man etwas Schönes im Leben gefunden hat. Auch die Wissenschaft hat den Wert der »Reconsumption«[31], wie der Fachbegriff dafür lautet, bereits erforscht, und beschreibt, wie die wiederkehrende Konsumption von Büchern, Filmen und Orten die Erfahrung noch vertieft und oftmals auch vermeintlich bereits Bekanntem immer neue Facetten abgewinnt. Der eine, der das Lieblingsbuch, das man beim ersten Mal noch liest, um die Geschichte zu erfahren, beim zweiten Mal mit einem Fokus auf die Erzählweise rezipiert und bei den folgenden Malen einfach nur noch eintaucht und genießt. Die andere, die gerne zurückkehrt auf ihre Lieblingsbank mit Blick aufs Meer und immer wieder beeindruckt ist von der atemberaubenden Atmosphäre, dies als einzigartigen, fast transzendentalen Zustand völliger Ruhe und Freiheit erlebt, und dabei über sich selbst erstaunt ist, wie der immer gleiche Ort jedes Mal aufs Neue diese starken Emotionen in ihr hervorrufen kann.

Und wer weiß: vielleicht wäre diese Erfahrung sogar einen Facebook-Post wert? Das wäre zumindest mal was ganz Neues!

---

31 Russell, C. A., & Levy, S. J. (2012). The temporal and focal dynamics of volitional reconsumption: A phenomenological investigation of repeated hedonic experiences. Journal of Consumer Research, 39(2), 341–359.

HEUSCHRECKEN-SPIESS GEFÄLLIG?
NICHT NÖTIG, ICH BIN NICHT BEI FACEBOOK!
M. Arnode

IMMER IN VERBUNDENHEIT
Wenn die digitale Nähe uns gefangen nimmt

Puh, gerade noch geschafft. Ich bin im Zug. Total erledigt. Das war wieder ein Tag. Keine freie Minute für mich, ein Termin nach dem anderen. Jetzt erst mal durchatmen und einfach aus dem Fenster schauen. Das täte mir sicherlich gut. Doch ohne dass ich es merke, habe ich plötzlich mein Smartphone in der Hand. WhatsApp poppt auf, dreiundzwanzig neue Nachrichten in vier Chats, um die es sich zu kümmern gilt. Außerdem zwei verpasste Anrufe von Oma, dann noch eine SMS an die Familie schreiben, dass ich auf dem Heimweg bin. Meine To-do-Liste für die Zugfahrt steht.

Egal, wo ich bin, meine Liebsten sind stets nur einen Klick entfernt. Moderne Kommunikationsgeräte überbrücken selbst größte Distanzen und bedienen damit ein psychologisches Grundbedürfnis, das uns auch schon in der klassischen Bedürfnispyramide von Abraham Maslow begegnet – der amerikanische Sozialpsychologe hatte schon in den Fünfzigerjahren des 20. Jahrhunderts die soziale Verbundenheit als eine wichtige Quelle für Glück und Wohlbefinden benannt, gleich nach Essen, Sex und Geborgenheit. Umso schöner, dass Technik diese Verbundenheit jetzt immer und überall ermöglicht. »Erleben, was verbindet«, verspricht uns die Telekom, auch für Nokia lautet das Motto »Connecting People«. Ein Anruf oder eine Nachricht, schon ist man sich ganz nah. Und was könnte auch falsch daran sein, wissen zu wollen, wo die Kinder gerade sind, wie es der Schwester gerade geht, wann der Partner nach Hause kommt? Der andere wiederum teilt gerne ungefragt mit, dass der Flieger gut gelandet ist oder die Bahn wohl die üblichen fünf Minuten Verspätung hat. Dafür sind Telefone schließlich da.

Doch ständige Verbundenheit hat auch ihren Preis. Der verpasste Erholungseffekt einer Zugfahrt steht noch eher am unteren Ende der Preisspanne. Schwieriger wird es beim ständigen Kommunikationsstress unter Schulkindern (unter dem auch die Hausaufgaben leiden ...), handfesten Konflikten in Paarbeziehungen oder den veränderten Umgangsformen in unserer Gesellschaft. Es entstehen Routinen und rücksichtsloses Verhalten, das wohl ursprünglich niemand so gewollt hat – sich aber nur noch schwer unterbinden lässt, sobald Technik einmal den Weg dahin gebahnt hat. Wie sehr genau das Glück unter der ständigen Verbundenheit leidet, lässt sich erst einmal gar nicht so leicht sagen.

Wichtig ist zunächst die Einsicht, dass es ein Zuviel gibt – für mich und für die anderen. Je mehr ich kommuniziere und gedanklich bei den anderen bin, umso weniger bin ich bei mir selbst. Wie oft nehme ich mir selbst durch den automatischen Griff zum Smartphone die Chance auf einen Moment der Ruhe und Reflexion? Nichts zu tun gehört einfach nicht mehr zu unserem Verhaltensrepertoire. Dabei sind gerade Momente der Leere eine wichtige Quelle für Kraft, Wohlbefinden und Kreativität.

Unglücksregel 1:
Wann immer sich ein ungefüllter Moment auftut, greife zum Smartphone und suche den Kontakt zu anderen. Gönn dir keine Ruhe und keine Zeit für dich allein.

Und nicht nur unser eigenes Bedürfnis, auch die Beziehung zum anderen kann unter den verführerisch einfachen Wegen der digitalen Kontaktaufnahme leiden. Gelegentliche Anrufe und Nachrichten gelten als Ausdruck von Interesse, können Beziehungen und Freundschaften vertiefen. In kurzen Abständen hingegen wirken sie schnell lästig, aufdringlich oder sogar kontrollierend. Und es wird immer schwieriger, sich dem zu entziehen. Überall erreichbar sein heißt auch, fortwährend ausgeliefert sein. Die Technik macht es möglich. Einfach nicht ans Telefon gehen bzw. »nicht zu Hause sein«, wie damals in Festnetzzeiten, geht nicht mehr oder schafft neue Probleme (mehr dazu im Abschnitt »Soziale Normen und die (Un-)Möglichkeit des Ausschaltens«, S. 129).

Analog zum bekannten Spruch der Ernährungswissenschaftler: »Die Dosis macht das Gift«. Salz ist in geringen Mengen überlebensnotwendig, in größeren Mengen ist es tödlich. Genauso gilt auch für digitale Verbundenheit, dass die Probleme von der Menge abhängen. Technik verleitet uns leider schnell zu einer Überdosis. Es ist schlicht und ergreifend zu einfach geworden, in Kontakt zu treten. Die ständige Verbundenheit entfernt uns auch voneinander, oft schleichend und unbemerkt. Und sie schmälert letztlich unser Glück.

DAS AUS FÜR DEN ERHOLUNGSEFFEKT

Ein Urlaub wäre eine wunderbare Möglichkeit für eine Pause vom Kommunikationsmarathon und für mehr Zeit mit sich selbst. Ja, auch im Alltag gibt es mal eine Stunde Yoga ohne Smartphone. Aber wann schafft man es schon, sich über längere Zeit von allem abzukoppeln und einfach nicht erreichbar zu sein? Diesem Privileg könnte man im Urlaub ein Stück näher kommen.

Dennoch entscheiden sich viele, möglichst viel von dem, was uns im Alltag beschäftigt, mit an den Urlaubsort zu nehmen. Dank allgegenwärtigem WLAN bleibt man in den WhatsApp-Gruppen-Chats und Mail-Korrespondenzen der Daheimgebliebenen – es ist fast, als wäre man gar nicht weg. Will man das?

»Ach, wär ich doch daheim geblieben«

Lisa und Conny machen Wanderurlaub auf Korsika. Parallel dazu verfolgen sie die Unterhaltungen im WhatsApp-Chat ihrer Clique daheim in München. »Ach Mann, die gehen jetzt in den Biergarten. Und wir sind nicht dabei.«

Man kann eben nicht gleichzeitig auf Korsika und in München sein. Das ist klar. Es gab einmal Zeiten, da hätte es den Urlauber auch nicht gestört, gerade nicht in München zu sein. Im Gegenteil, man wollte nie wieder weg aus dem Urlaubsland, vergessen war die Welt daheim. Heute ist das kaum noch möglich. Mal wirklich von allem weg sein, Raum für neue freie Gedanken: Das wird dank Smartphone immer komplizierter.

Unglücksregel 2:
Bleib mit deinen Gedanken nicht bei dir und dem, was du gerade erlebst – verfolge stattdessen, was die anderen gerade tun. Male dir aus, was du alles verpassen könntest und steigere dich immer weiter hinein in dein Unglück.

Zwischen zwei Welten jonglieren wir mit der Fülle an Anforderungen und Gedanken der jeweiligen Welten. Eigentlich bin ich weg, will aber dennoch der besten Freundin daheim in ihrer Beziehungskrise Beistand leisten. Und gleichzeitig die eigene Beziehung auffrischen, mit tollen Attraktionen am Urlaubsort. Und natürlich Fotos machen – als Erinnerung für mich selbst und als Live-Dokumentation für die Daheimgebliebenen. Die gesammelten Urlaubseindrücke werden nicht mehr als Gesamterlebnis präsentiert (früher üblicherweise in überschaubarer Menge, ein, zwei, vielleicht drei Filme pro Urlaub), sondern direkt vom Urlaubsort aus verschickt.

Wie sich der Urlaubsalltag durch diese ständige Verbundenheit in die Heimat verändert hat, offenbart der direkte Vergleich von Urlaubern mit unterschiedlicher technischer Ausstattung.

»Urlaub eben«

Ich erinnere mich gut an einen Urlaub mit einer Freundin vor drei Jahren. WLAN gab es damals noch nicht überall in der Hotelanlage, sondern nur im Bereich der Lobby. Jeden Morgen und Abend pilgerte sie (mit vielen anderen Gästen) in die WLAN-Zone, um ihre Lieben in der Heimat mit den Schnappschüssen des Tages zu versorgen. Und natürlich die wichtigsten News aus der Heimat zu erfahren. Ich hatte dadurch sehr viel Zeit. Sie ging zu ihrer WLAN-Session, ich habe ein Buch gelesen, ausführlich geduscht, mir einen zweiten Kaffee gekocht, auf dem Balkon gesessen, in die Natur geschaut, nichts getan. Urlaub eben.

Highlight der Hotelanlage: die WLAN-Zone

Es muss auch gar nicht die Kommunikation mit Freunden sein – schon ein Besuch auf den typischen Newsportalen unseres Alltags (spiegel.de, bild.de, heise.de, brigitte.de – was auch immer man so liest) kann die Gedanken wieder in die gleichen Bahnen lenken wie daheim. Oder aber: Unter den privaten Mails landet dann doch mal eine geschäftliche. Solche kleinen Auslöser genügen, um fast vergessene Sorgen der Arbeitswelt wieder hochkommen zu lassen. Auch in der schönsten Urlaubsumgebung kann sich unser Gehirn dann nur schwer wieder von diesen Sorgen befreien. Das Gedankenkarussell dreht sich wieder, der Urlaub ist nicht mehr unbeschwert, der mühsam erurlaubte Erholungseffekt wieder dahin. Experten wie der österreichische Erholungsforscher Gerhard Blasche empfehlen daher als vielversprechende Zutaten der Urlaubsgestaltung: geistig und emotional Abstand halten von den vorangegangenen Belastungen des Alltags, viel Zeit für sich selbst nehmen, wenige Verpflichtungen und vor allem: Abstand vom Gewohnten.

Damit der Urlaub (oder auch nur der Feierabend) zur Erholung wird, müssen wir entsprechende Randbedingungen schaffen. Wir könnten überlegen, nicht nur das Firmenhandy auszuschalten, sondern uns auch, was die Zahl privater Kommunikationsakte angeht, etwas Ruhe zu gönnen. Kommunikation kann zum Stressfaktor werden, das zeigt nicht nur unsere Alltagserfahrung, sondern das zeigen auch wissenschaftliche Studien[32,33]. Beispielsweise steigen mit der Zahl täglicher Telefonate, SMS und Chats auch Schlafstörungen, Stresserleben und negative Emotionen.

Dem ließe sich entgegenwirken. Wenn man sich einmal ansieht, wie zum Beispiel WhatsApp von jedem einzelnen genutzt wird – Stand: November 2015 –, sieht man schnell, was sich da einsparen lässt. Pro Monat kommt jeder WhatsApp-Nutzer im Durchschnitt auf 1200 versendete Nachrichten und – dank Gruppen-Chats – auf 2200 empfangene Nachrichten. Die einzelne Nachricht ist nicht das Problem, sie macht weder unglücklich noch krank. Aber in der Menge wird aus nett gemeinten Nachrichten mit bunten Bildchen Kommunikationsstress, mit messbar negativen Effekten auf unser Wohlbefinden. So zeigen dies die oben zitierten Untersuchungen. Ist also nicht jede eingesparte Nachricht eine Chance auf mehr Glück und Gesundheit?

Hundertdreizehn WhatsApp-Nachrichten pro Tag für jeden User: Dies ist nur ein Beispiel für den immensen Raum, den die digitale Kommunikation im Alltag einnimmt. Wie soll man bei diesem permanenten Informationsbombardement eigentlich noch in den Erholungsmodus umschalten? Das offenbart sich gerade im Urlaub, von dem wir uns nichts als Entspannung

---

32 Murdock, K. K. (2013). Texting while stressed: Implications for students' burnout, sleep, and well-being. Psychology of Popular Media Culture, 2(4), 207.

33 Thomée, S., Eklöf, M., Gustafsson, E., Nilsson, R., & Hagberg, M. (2007). Prevalence of perceived stress, symptoms of depression and sleep disturbances in relation to information and communication technology (ICT) use among young adults – an explorative prospective study. Computers in Human Behavior, 23(3), 1300–1321.

wünschen. Wir nehmen ein großes Stück Alltag mit in den hintersten Winkel der Welt und wundern uns, warum wir selbst in paradiesischem Umfeld nicht wirklich abschalten können.

Unglücksregel 3:
Abschalten gilt nicht, Abschalten ist etwas für Feiglinge. Nur weil jetzt Urlaub ist, heißt das nicht, dass du dich der Kommunikationsflut des Alltags entziehen kannst. Mach das auch deinem Körper klar – erholen soll er sich bitte trotzdem.

Vielleicht haben wir die richtige und natürliche Dosierung von Verbundenheit und Abgeschiedenheit verlernt. Wer heutzutage Abgeschiedenheit sucht, der bucht sie als Event. Man gibt dreitausend Euro für eine Ayurveda-Kur aus, man pilgert wochenlang durch die Wildnis oder macht Urlaub im Kloster, um endlich zu sich selbst zu finden. Abstand vom Kommunikationsmarathon braucht anscheinend erst ein offizielles Label (»Selbstfindungsreise«). Vollkommen »grundlos« im Mallorca-Urlaub das Handy ausschalten, das wäre zu naheliegend. Ausschalten scheint manchem vielleicht auch zu drastisch. Auf jeden Fall aber können wir uns bewusst fragen, wie viel von den alltäglichen Kommunikationsritualen wir wirklich mit in den Urlaub nehmen wollen. Was wir brauchen, um den Urlaub zur schönsten und erholsamsten Zeit des Jahres zu machen. Möglicherweise will man nach einer neuartigen, bislang unbekannten (oder für manche fast vergessenen) Erfahrung im Urlaub auch einfach den privaten Kommunikationsstress im Alltag reduzieren?

GRUNDRECHT STÄNDIGE ERREICHBARKEIT

Wer sich weniger Kommunikationsstress im Alltag wünscht, tut sich allerdings gar nicht so leicht, das umzusetzen. Das Handy mal unbeaufsichtigt lassen, ist nicht vorgesehen und führt zu Irritationen bei allen Freunden und Bekannten. Erneuter Stress ist programmiert.

> **»Wo warst du???«**
> *Zwei verpasste Anrufe – und die Freunde beginnen sich Sorgen zu machen. Oder zumindest sich zu ärgern. Den dritten Anruf sollte man dann keinesfalls verpassen, nicht ohne gute Erklärung. Also am besten vorgreifen und gleich zurückrufen. »Endlich meldest du dich! Ich hab dir schon eine Mail geschrieben, deine Schwester wusste auch nichts ... was ist los, wo warst du???« – »Äh, gar nirgends. Ich hatte mein Handy nicht bei mir.« [Vielleicht war ich spazieren, vielleicht in der Stadt, vielleicht im Bett, vielleicht einfach nur im falschen Raum.] »Häh? Warum das denn? Man erreicht dich ja dann gar nicht!«*

Den anderen zu jeder Zeit anklingeln und anchatten zu können, ist anscheinend zum Grundrecht geworden. Ständige Erreichbarkeit wird erwartet, nicht nur beruflich, auch privat. Ohne Handy unterwegs zu sein, halten viele für absurd. Aber was daran ist so absurd? Ist es denn in jeder Situation hilfreich, erreichbar zu sein? Was, wenn ich einen entspannenden Spaziergang unternehmen will, abschalten will, meine Gedanken fließen lassen will? Oder wenn ich mich aufs Sofa gekuschelt in ein Buch vertiefen möchte? Oder wenn ich mit einer Freundin, die ich ewig nicht gesehen habe, bei einem Glas Wein auf dem Balkon sitze? Auch wenn ich nicht drangehen muss – das Klingeln stört trotzdem, unterbricht, was gerade ist, demonstriert, dass der Moment potenziell in Gefahr ist.

Unglücksregel 4:
Geh niemals ohne Handy aus dem Haus. Frag nicht lange nach dem Warum. Ständige Erreichbarkeit ist ein Grundrecht.

So gibt es bei allen guten Gründen für ständige Erreichbarkeit auch gute Gründe, das Handy einmal allein zu lassen. Auch auf die Gefahr hin, einen unerwarteten wichtigen Anruf zu verpassen (Was könnte das sein? »Herzlichen Glückwunsch, Sie haben im Lotto gewonnen – aber nur wenn Sie jetzt abnehmen?« Wie oft kommen solche unerwarteten, aber immens wichtigen Anrufe wirklich vor?). Und auf die Gefahr hin, den Anrufer zu verärgern (natürlich bin ich super genervt, wenn jemand, von dem ICH gerade etwas möchte, nicht erreichbar ist!).

Eine kleine Hoffnung für eine Lockerung des Rechts auf Erreichbarkeit ergibt sich zumindest aus der aktuellen Entwicklung der Handy-Formate: Kaum noch ein Modell lässt sich bequem in der Hosentasche tragen, die Tendenz geht wieder in Richtung Telefonzelle. Die Entscheidung, das Ding mit sich herumzuschleppen, wird damit bewusster. Und auch die absurde Begründung: »Ich hatte einfach mein Handy nicht mit«, wird vielleicht schon bald auf mehr Verständnis stoßen.

MODERNER KOMMUNIKATIONSSTRESS – VON KLEIN AUF

Wer über die Fallstricke der modernen Technik sinniert, findet sich schnell in Gesellschaft rigoroser Kritiker wieder, die Technik grundsätzlich verteufeln. Der Prototyp hier ist der bereits ergraute Mann beziehungsweise die gereifte Frau, die davon schwärmen, was früher alles besser war. Und damit die Vergangenheit verklären, den aktuellen Zeitgeist anprangern und die Schuld der Technik an sich zuschreiben. Schnell ist man geneigt, diesen Kritikern zu entgegnen: »So ist es halt heutzutage, kommt damit klar. Die Jugend findet das gut so!« Aber ist es tatsächlich so, dass diejenigen, die eine Welt ohne Internet niemals kennengelernt haben, nur Vorteile der Überall-Erreichbarkeit sehen und Nachteile schlicht nicht wahrnehmen?

Keineswegs. Auch Kinder und Jugendliche können die negativen Effekte ihrer Smartphone-Nutzung bewusst reflektieren und berichten, unter dem permanenten Kommunikationsdruck zu leiden. Dies zeigte eindrucksvoll auch eine Befragung der Landesanstalt für Medien Nordrhein-Westfalen unter fünfhundert Kindern und Jugendlichen im Alter von acht bis vierzehn Jahren. Neben der digitalen Verbundenheit geraten andere Aktivitäten, wie beispielsweise »echter« Kontakt zu Freunden oder auch die Hausaufgaben, in den Hintergrund. Als besonderen Stressfaktor erleben auch die Digital Natives (jüngere Generationen, die bereits mit dem Internet groß geworden sind) den Antwortzwang: die Erwartung, dass Nachrichten sofort beantwortet werden. Und mit jeder weiteren WhatsApp- oder Facebook-Gruppe wächst der Stress. Kein Smartphone ist aber auch keine Lösung für die Jugendlichen. Wer keinen mobilen Onlinezugang hat, ist von der Kommunikation mit den Peers ausgeschlossen, macht sich zum Außenseiter.

Ob Digital Natives oder Digital Immigrants – alle stehen vor dem gleichen Dilemma, wenn sie versuchen, digitale Kommunikation auf ein gesundes Maß zu dosieren. Die Technik stellt Wege und Möglichkeiten bereit, aber kein Rezept für eine glückliche Nutzung. Die Bedienung wird immer einfacher, ein Fingertippen aufs Display, und die Videoverbindung steht. Auch Omas schreiben heute E-Mail – aber zu entscheiden, wie viel davon guttut, wird immer komplizierter. Hier sind wir selbst gefordert. Und oft überfordert.

Die Frage, die sich am Ende stellt, ist: Wann »lohnt« sich digitale Verbundenheit? Wann macht digitale Kommunikation glücklich – wann überwiegt der Stress? Lassen sich überhaupt positive Effekte für das Erleben von sozialer Verbundenheit und Wohlbefinden feststellen?

Die Antworten der Wissenschaft sind wie so oft nicht ganz eindeutig. Was sich jedoch klar zeigt, ist: Digitale Kommunikation kann die positiven Effekte realer, direkter Kontakte nicht ersetzen, und es wird gefährlich, wenn Online-Freundschaften zulasten von realen Kontakten gehen. Beispielsweise untersuchten Forscher der Stanford University[34] die Bedeutsamkeit von Online-Freundschaften und »echten« Freunden (sogenannte »In-Person-Freunden«) unter acht- bis zwölfjährigen Mädchen. Entscheidend für positive Emotionen war die Zeit des direkten Gesprächs mit realen Freunden. Die Nutzung von Kommunikationstechnologien (etwa Telefon oder Online-Kommunikation) zeigte hingegen eher negative Effekte: Je ***mehr*** telefoniert und gechattet wurde, umso ***weniger*** positive Gefühle standen dahinter. Auch zeigte sich, dass diejenigen, die sowieso schon selten »echte« Freunde treffen, auch während dieser

34 Pea, R., Nass, C., Meheula, L., Rance, M., Kumar, A., Bamford, H., ... & Zhou, M. (2012). Media use, face-to-face communication, media multitasking, and social well-being among 8-to 12-year-old girls. Developmental Psychology, 48(2), 327.

Treffen nicht die Finger von digitalen Medien lassen können, und damit noch weniger vom Miteinanderreden profitieren. Freunden gegenübersitzen und parallel am Smartphone spielen – das ist die moderne Form der Glücks-Sabotage.

Unglücksregel 5:
Durchstöbere dein Smartphone beständig nach Neuigkeiten, auch beim Treffen mit Freunden. Lustige Videoclips, peinliche Facebook-Posts oder die tausend besten Fotos deines letzten Sommerurlaubs – mit irgendwas kannst du immer zur Unterhaltung beitragen. So fällt es auch nicht auf, wenn man sich sonst kaum noch etwas zu erzählen hat.

Glücks-Sabotage (iko/Fotolia.com)

Zum Glück gibt es verschiedene Mittel der Unterstützung, um zum technikfreien Beisammensein zurückzufinden – eines davon ironischerweise in Form einer technischen Lösung: die von drei Studenten aus Singapur entwickelte App »Apple-Tree«, die dafür belohnt, das Handy beim Treffen mit Freunden liegen zu lassen: Treffen zwei (oder mehr) Freunde, die die App installiert haben, aufeinander, werden ihre Telefone für die Dauer des

Treffens blockiert. Je länger das Handy unberührt bleibt, umso größer wächst der Apfelbaum auf dem Bildschirm.

Digitale Kommunikation und gute Freundschaft schließen sich nicht aus. Soziale Netzwerke wie Facebook können Freundschaften sogar intensivieren, wenn diese zur Pflege bestehender Kontakte genutzt werden. Wie auch Manfred Spitzer in seinem Buch »Digitale Demenz« diskutiert, werden insbesondere für Digital Natives soziale Netzwerke jedoch oftmals zur Alternative, und Online-Freunde gehen auf Kosten von realen Freundschaften. Diese Darstellung deckt sich mit neueren Studienergebnissen zum Vergleich von Mediennutzung und Wohlbefinden zwischen den Generationen[35]: Tiefergehende Online-Freundschaften leisten einen Beitrag zum Wohlbefinden, diese finden sich allerdings eher unter den älteren Generationen. Jüngere Nutzer haben tendenziell viele, aber dafür wenig intensive Online-Kontakte, die womöglich mehr Stress verursachen als positive Gefühle stiften.

Letztendlich offenbaren diese Forschungsbefunde eine logische Konsequenz: Soziale Netzwerke, Instant-Messaging-Dienste und natürlich auch E-Mail und Telefon erlauben eine hohe Zahl paralleler Kontakte und Kommunikationsakte, viel mehr, als durch direkte Kommunikation möglich wären. Die einzelnen Kontakte werden aber weniger bedeutsam. Was in Facebook zählt, ist die Zahl der Freunde – für unser Wohlbefinden ist jedoch die Qualität und nicht die Quantität der Freundschaften entscheidend[36].

Keineswegs führen also soziale Medien und Kommunikationstools immer und auf direktem Weg zu Glück und sozialer Nähe. Auch Digital Natives, die diesen Weg von klein an ge-

---

35 Chan, M. (2015). Multimodal Connectedness and Quality of Life: Examining the Influences of Technology Adoption and Interpersonal Communication on Well-Being Across the Life Span. Journal of Computer-Mediated Communication, 20(1), 3–18.

36 Bucher, A. A. (2009). Psychologie des Glücks. Beltz.

wohnt sind, haben Schwierigkeiten bei der Bewältigung der ständigen Verbundenheit. Es gewohnt zu sein, heißt noch lange nicht, damit glücklich zu sein. Es ist auch nicht die Technik per se, die unser Glück positiv oder negativ beeinflusst: Auf das Wie der Nutzung kommt es an. Jeder Einzelne ist gefordert, für sich gesunde Nutzungspraktiken zu entwickeln, was bei der täglich steigenden Zahl von neuen Diensten und Technologien auf dem Markt schnell zu einer lebensfüllenden Aufgabe werden kann.

DRAMEN IN PAARBEZIEHUNGEN DES HANDY-ZEITALTERS

Die Schwierigkeit der Entwicklung gesunder Nutzungspraktiken für digitale Kommunikation offenbart sich insbesondere dann, wenn Technik in die Beziehung eingreift. Der technisch einfachste Fall (Eins-zu-eins-Kommunikation) ist gleichzeitig der komplizierteste: Paarbeziehungen. Partner vertrauen einander, lieben einander, verstehen sich blind. Dank Instant-Messaging-Diensten wie WhatsApp lassen sich Botschaften unter Liebenden mit kleinen Bildchen (Emoticons & Co) nun noch mehr emotionalen Ausdruck verleihen – beste Voraussetzungen, könnte man meinen. Dennoch kommt es in der digitalen Kommunikation in Paarbeziehungen gerade deshalb regelmäßig zu Dramen – vor allem, wenn eine(r) von beiden nicht bereit ist, die Regeln der Technik als Regeln der eigenen Kommunikation zu übernehmen. Was im ersten Moment als praktische Möglichkeit scheint, kann im zweiten Moment Auslöser für Streit werden. Schnell wünscht man sich, man hätte sich nie auf diesen Kanal eingelassen. Aber ein Ausstiegsversuch ist heikel, mündet höchstwahrscheinlich in Vorwürfen und unschönen Diskussionen.

»Kennst du schon das neue WhatsApp-Feature, diese blauen Häkchen? Ist doch toll. Jetzt kann ich gleich sehen, ob du meine Nachricht schon gelesen hast« – »Oh ja, klingt praktisch.«
[am nächsten Abend]
»Da bist du ja endlich! Warum hast du meine Nachricht nicht gelesen? Ich wollte noch mit dir ins Kino. Jetzt ist es zu spät!« – »Oh, hab ich gar nicht gesehen. Sorry. Am besten du rufst an, wenn es was Zeitkritisches ist.« – »Na ja, also öfters mal aufs Handy schauen wäre auch eine Lösung.«
[am nächsten Abend]
»Wo kommst du denn jetzt her? Warst du wieder mit deinen Freunden unterwegs? Ich hab dir geschrieben! Du hast nicht geantwortet – und ich weiß genau, dass du meine Nachricht gelesen hast.« – »Aber das war doch gar keine Frage, du hast nur geschrieben, du vermisst mich. Ich habe mich auch gefreut, von dir zu hören.« – »Und wenn man sich freut, dann antwortet man auch.« – »Du machst es aber auch kompliziert. Weißt du was, ich habe echt keine Lust mehr auf dieses ganze Geschreibe mit dir.« – »Was soll das heißen?« – »Na ja, also, ganz ehrlich, du schreibst einfach zu viel. Ich bin auf der Arbeit, in Meetings, ich kann das gar nicht alles lesen.« – »Also dafür wirst du ja wohl noch Zeit finden!« – »Selbst wenn, ich kann doch in dem Moment gar nichts anfangen mit den ganzen Infos. Zeit zum Antworten habe ich auch nicht, und dann bist du wieder beleidigt. Weißt du noch, früher? Ich bin heimgekommen und dann haben wir uns erst mal ein Glas Wein eingeschenkt und du hast mir von deinem Tag erzählt – aber jetzt weiß ich immer schon alles.« – »Interessierst du dich etwa nicht für mich?« – »Doch, aber eben nicht den ganzen Tag über!« – »Du liebst mich einfach nicht.«

Man sitzt in der Falle, es braucht gute Argumente und viel Kraft, einen einmal beschrittenen Pfad der Technik wieder zu verlassen. Technik schafft Verhaltensschablonen, ohne Rücksicht auf Verluste. Mit etwas Mühe und Kreativität lassen sich manche Fallstricke der digitalen Kommunikation noch ausschalten. So kursieren im Netz auch zahlreiche Tipps und Tricks zur Überlistung der Blaue-Haken-Anzeige in WhatsApp. Ein Trick, um Nachrichten lesen zu können, ohne dass es der Chatpartner mitbekommt, ist beispielsweise, das Handy zuvor in den Flugmodus zu schalten. Das ist kompliziert, aber eine Möglichkeit, die Technik weiter nutzen zu können, obwohl die auferlegten Regeln der Nutzung den eigenen Bedürfnissen im Wege stehen. Was tut man nicht alles, um der Technik treu zu bleiben. Eigentlich ist das alles reichlich paradox, war die Technik doch ursprünglich als Bereicherung der Kommunikation gedacht. Aber nun suchen wir nach Wegen, deren Regeln zu umgehen.

Unglücksregel 6:
Folge den Regeln der Technik und erwarte auch von anderen, dass sie dies tun: Nachrichten müssen sofort gelesen und beantwortet werden. Wer sich dem widersetzt, dem sind seine Chatpartner einfach nicht wichtig genug.

DIGITALE VERBUNDENHEIT ODER ECHTE NÄHE

Neue Zeiten, neue Technologien, neue Herausforderungen – und das eben auch in Paarbeziehungen. Aber was macht die digitale Kommunikation unter Liebenden eigentlich so kompliziert – aus psychologischer Sicht? Sind die neuen Möglichkeiten nicht ein Geschenk des Himmels – gerade für Paare, die sich selten sehen, vielleicht sogar eine Fernbeziehung führen?

Einblicke hierzu liefert die Untersuchung eines Forscherteams aus Psychologen und Designern von 143 Konzepten zur technikgestützten Kommunikation in romantischen Beziehungen[37]. Die analysierten Technologien reichen von technisch einfachen Konzepten wie »I just clicked to say I love you« (ein Mausklick und ein roter Punkt leuchtet in der Statuszeile auf dem Computer des Partners auf, über die Zeit wird das Leuchten wieder schwächer, von Joseph ›Jofish‹ Kaye, 2006) über ComSlipper (wenn ich meine Hausschuhe anziehe, werden auch die Hausschuhe des Partners warm, Chun-Yi Chen & Kollegen, 2006) bis zum »Hug over Distance« (die Partner tragen mit Sensoren ausgestattete Westen zur Simulierung von Umarmungen über die Ferne, Florian ›Floyd‹ Müller & Kollegen, 2005).

»I just clicked to say I love you« (Kaye, 2006)

Die wissenschaftliche Analyse der Konzepte offenbart die Komplexität der Aufgabe, Bedingungen für beidseitig positiv erlebte und wahrlich glückssteigernde Kommunikation zu gestalten. Verbundenheit – gerade in romantischen Beziehungen – ist ein vielschichtiges psychologisches Konstrukt. Die Vernachlässigung einer Facette kann schnell das gesamte Erlebnis ruinieren.

---

37 Hassenzahl, M., Heidecker, S., Eckoldt, K., Diefenbach, S., & Hillmann, U. (2012). All you need is love: Current strategies of mediating intimate relationships through technology. ACM Transactions on Computer-Human Interaction (TOCHI), 19(4), 30.

Eine zentrale Herausforderung besteht darin, das Bedürfnis eines Kommunikationspartners nach ständigem Ausdruck von Emotionalität in Einklang zu bringen mit gesunder Wechselseitigkeit in der Kommunikation. Wie auch schon die zuvor beschriebene WhatsApp-Geschichte andeutet, besteht hier oftmals ein Ungleichgewicht zwischen den Partnern. Einer will immer kommunizieren, bombardiert den anderen mit SMS, I-love-you-Klicks oder anderen Zeichen der Zuneigung – auf die er selbstverständlich Erwiderung erwartet. Der andere antwortet zu selten, zu kurz, zu ausdruckslos, vielleicht nur noch aus schlechtem Gewissen. Echte Verbundenheitserlebnisse sehen anders aus. Ungleichgewichte bezüglich Häufigkeit und Art des Ausdrucks von Zuneigung, wie es sie wahrscheinlich in den meisten Paarbeziehungen gibt, werden durch technikgestützte Kommunikation noch verstärkt. Es gibt auch keinen Rückzugsort, keinen Ort, bis zu dem der Arm der Technik nicht reichen würde. »Vernachlässigung« auf der einen Seite und »Kommunikationsterror« auf der anderen Seite sind gut dokumentiert.

»One« ist ein Konzept, das dieses Muster auflöst. Das Konzept wurde entwickelt von Hideaki Ogawa, Künstler und Forscher am Ars Electronica Center Linz. One besteht aus zwei Halbkugeln, für jeden Partner eine. Drückt ein Partner den Stift in der Mitte der Halbkugel, schiebt sich der Stift in der Kugel des Partners hinaus. Eine Möglichkeit für den Ausdruck von Nähe über die Ferne, ein Zeichen für: »Ich denke an dich.« Dieses Zeichen kann nur abwechselnd gegeben werden, ich kann erst wieder drücken, nachdem ich einen Gruß des Partners empfangen habe. Den Rhythmus der Kommunikation bestimmen so beide gemeinsam. One ist ein sehr minimalistisches Konzept und in der Übermittlung inhaltlicher Botschaften begrenzt. Aber sicherlich ein gutes Trainingsobjekt für »gesunde« Kommunikation in Paarbeziehungen und die Steigerung der

Sensibilität für die wahren Kommunikationsbedürfnisse des anderen.

One (Ogawa et al., 2005)

Eine weitere Herausforderung in der Gestaltung von Verbundenheitstechnologien ist die Bereitstellung von Informationen über das Tun des anderen im Unterschied zur einfachen Kontrolle des anderen. Paare in Fernbeziehungen vermissen oft gerade den Alltag miteinander, die alltäglichen Spuren des anderen (Dinge wie Brötchenkrümel, herumliegende Socken, Musik aus dem Nebenzimmer). Einfach mitbekommen, dass der andere da ist.

Konzepte, die dieses Gefühl über die Ferne vermitteln wollen, sind beispielsweise synchronisierte Schreibtischlampen und Mülleimer (»SyncDecor«, Tsujita & Kollegen, 2007) oder auch Kaffeetassen (»Lover's Cups«, Chung & Kollegen, 2006). Es kann wunderbar sein zu sehen, ah, jetzt geht die Lampe an, der Partner ist wohl gerade heimgekommen. Genau wie ich – so weit weg – aber trotzdem tun wir gerade das Gleiche – ein magischer Moment. Aber wissen, was der andere gerade tut, kann auch umschlagen in Kontrolle, Eifersucht, Überwachung. Das muss kein bewusster Schritt oder böse Absicht sein. Aber wird es mir nicht auffallen und gewisse Gedanken auslösen, wenn die Lampe beim Partner nicht wie gewohnt um 18 Uhr, sondern erst um zwei Uhr nachts angeht? Wie auch der WhatsApp-Online-Status kann ein Mehr an Informationen auch immer eine Quelle von Misstrauen und nervigen Diskussionen sein und letztlich mehr Distanz als Nähe schaffen. Ein ähnliches Phänomen beschrieb Hellmuth Karasek bereits 1997 in seinem Buch »Hand in Handy«, das die alltäglichen Auswirkungen der damals einsetzenden Verbreitung von Mobiltelefonen und anderen technischen Neuerungen auf das soziale Miteinander beleuchtet. Karasek beschreibt die »Gewinne und Verluste des totalen Fernsprechalters und die Tragödien des Handy-Zeitalters«: Umstellung des Telefons auf ISDN, Einzelverbindungsnachweis, plötzliches Misstrauen (warum diese vielen Anrufe nach Freiburg?), Kontrolle, Unglück. Das von Karasek beschriebene Paar hat die Gefahr für das Eheglück erkannt und den Einzelverbindungsnachweis kurzum einfach wieder abbestellt.

Heute ist es oft gar nicht möglich, alle glücksgefährdenden Informationen abzubestellen. Es braucht hartes Training, sich von gewollten und ungewollten Informationen nicht in ungute Gedankenstrudel mitreißen zu lassen und für uns persönlich eine gesunde Dosis an digitaler Verbundenheit zu finden. Trotz vielversprechender Konzepte für »gesunde Kommunikation« in der Forschung, setzen sich auf dem Markt dann nicht unbedingt diejenigen Produkte und Services durch, die uns am glücklichsten machen würden. Die Forschung zeigt, dass zu viele Chat-Nachrichten nicht gesund sind, aber ein Anbieter wird zurecht daran zweifeln, wie viele Käufer sich für eine »gesundheitsförderliche« App finden, die nur eine begrenzte Zahl an Nachrichten pro Tag zulässt. Ansätze wie die oben beschriebene App »Apple-Tree«, die den Nutzer dafür belohnt, das Handy beim Treffen mit Freunden *nicht* zu nutzen, gehen in eine gute Richtung, indem sie die Vernachlässigung des direkten Gesprächs durch die digitale Kommunikation wieder bewusster machen. Die gemeinsame Installation von »Apple-Tree« im

Freundeskreis ist ein Bekenntnis: Wenn wir zusammen sind, wollen wir wirklich zusammen sein, uns darauf konzentrieren, was wir einander zu erzählen haben, und nicht darauf, was gerade in der digitalen Welt passiert. Aber auch diese Art von glücksförderlichen Apps findet selten die große Verbreitung. Bezeichnend auch hier, dass »Apple-Tree« aus einem Universitätsprojekt heraus und weniger aus einem kommerziellen Interesse erwachsen ist. Wer ein kommerzielles Interesse verfolgt, fährt immer noch besser damit, dem Nutzer gnadenlos immer mehr Funktionen und Kanäle der digitalen Kommunikation zu bieten, anstatt zu fragen, was dem Nutzer wirklich guttun würde. Wir müssen selbst lernen, Gefahren für unser Glück zu erkennen und unser Glück im Meer der Möglichkeiten ständiger Verbundenheit zu behaupten. Ein ständiger Kampf zwischen persönlichen Bedürfnissen, technischen Möglichkeiten und sozialen Normen.

SOZIALE NORMEN UND DIE (UN-)MÖGLICHKEIT DES AUSSCHALTENS

Wohlmeinende Zeitgenossen empfehlen vermeintlich einfache Lösungen, um dem Kommunikationsterror zu entkommen: »Wenn es dir zu viel ist, dann sei halt nicht erreichbar. Ich finde es toll, ständig mit Menschen in Kontakt zu sein.« Andere formulieren es sogar noch drastischer. So gibt es einen Kommentar im Heise-Forum von Oktober 2015 zur oben aufgeführten Studie zur Handy-Nutzung unter Jugendlichen, die zeigte, wie sehr die Teenager eigentlich unter dem Kommunikationsstress im Rahmen ihrer ständigen Smartphone-Nutzung leiden. Denn jedes Smartphone bietet einen Ausschaltknopf und eine Blockierfunktion – die aber offensichtlich nicht genutzt wird. Denn: »Der ‚Idiot' sitzt VOR der Tastatur!«

Ach, wirklich? Wir werden beständig mit Nachrichten bombardiert, und am Ende ist man der Idiot, weil man den Ausschalter nicht gefunden hat?

Die Realität ist komplizierter. Nicht alle Nachrichten sind Informationsmüll, nicht alle Menschen im Adressbuch senden ausschließlich nutzlose Botschaften. Das Telefon erkennt nicht, welche Nachrichten wichtig für mich sind, welche mir guttun, welche Zeit bis heute Abend haben. Also der Totalverzicht? Einfach mal das Smartphone auf lautlos stellen oder komplett ausschalten, dann ist Ruhe? Im Alltag ist das leider wenig praktikabel. Abgesehen vom Risiko, tatsächlich wichtige Nachrichten zu verpassen, ignorieren Vorschläge wie »Schalt doch einfach ab« die Macht von sozialen Normen für unser Verhalten und Wohlbefinden. Auf jede soziale Gruppe – seien es Kollegen, der Sportverein oder der Freundeskreis allgemein – wirken Kräfte, die zur Herausbildung von gruppeninternen Regeln führen (z.B. jeder gibt mal eine Runde aus, zu Geburtstagen bringt man ein kleines Geschenk mit, Eheprobleme bespricht man mit Freunden, nicht mit dem Chef). Diese Regeln sind nicht unbedingt explizit. Dass es sie gibt, merkt man vor allem dann, wenn eine Regel verletzt wurde. Ein gewisses Maß an Abweichung ist noch tolerierbar, aber wer es übertreibt, gehört einfach nicht mehr dazu, schießt sich selbst ins soziale Aus. Das haben wir von klein auf gelernt und verinnerlicht. So folgen wir auch Normen, die nicht unbedingt unseren eigenen Überzeugungen entsprechen – einfach um Teil der Gruppe bleiben zu können.

Das zeigt schon das das klassische Linienschätzexperiment von Solomon Asch[38], Pionier der Sozialpsychologie in den Fünfzigerjahren. Hier führte der gefühlte Anpassungsdruck inner-

38 Asch, S. E. (1956). Studies of independence and conformity: I. A minority of one against a unanimous majority. Psychological Monographs: General and Applied, 70(9), 1.

halb einer Gruppe zu Verhaltensweisen, die im totalen Gegensatz zur eigenen Wahrnehmung stehen. Asch bat seine Versuchsteilnehmer, unter drei Linien diejenige auszuwahlen, deren Länge einer vierten Vergleichslinie entspricht. Die objektiv richtige Lösung ist hierbei eindeutig und wird unter normalen Bedingungen in 99 Prozent der Fälle richtig identifiziert. Sobald Personen jedoch ihr Urteil innerhalb einer Gruppe äußern, orientieren sie ihr Urteil an der Gruppenmeinung. Das fand Asch heraus, indem er als vermeintliche Versuchsteilnehmer getarnte Assistenten instruierte, absichtlich eine falsche Linie zu wählen. Was die Gruppe tut, zählt mehr als die eigene Wahrnehmung. Übertragen auf die Mediennutzung könnte das heißen: Wozu reflektieren, was mir guttut, wenn ich mich sowieso dem Gruppenverhalten anschließen werde?

Bei der digitalen Kommunikation lassen sich zahlreiche soziale Normen dieser Art beobachten: Erreichbarkeit auf den etablierten Kommunikationskanälen WhatsApp, Skype, Facebook, sofortiges Antworten, Übernahme des Jargons und der Rituale der Gruppe (etwa regelmäßiges Verschicken von Fotos). Viele diskutieren während der Arbeitszeit im Gruppen-Chat, was man abends so machen könnte, plaudern parallel dazu noch aus dem Arbeitsalltag, berichten vom Klatsch und Tratsch der Kollegen oder diskutieren das Fernsehprogramm von gestern Abend. Haben sich solche Verhaltensweisen erst einmal etabliert, ist es schwer, diese zu verändern oder gar nicht daran teilzuhaben. Selbst wenn ich mich gestresst fühle durch die vielen Chats – die Gruppe hat recht. Wenn alle es tun, muss es wohl gut sein. Und wenn ich nicht mitchatte, bin ich raus.

Unglücksregel 7:
Folge dem, was alle tun. Frage nicht danach, was für dich die persönlich richtige Lösung sein könnte. Wichtig ist nur, den Normen der Gruppe zu folgen.

Aus psychologischer Sicht ist die Zugehörigkeit zu einer Gruppe eine wichtige Quelle unseres Selbstwerts[39]. Sich einer Gruppennorm zu entziehen, heißt, unseren Selbstwert zu gefährden. Und selbstverständlich hat die Entwicklung von Gruppennormen auch positive Effekte und »Überlebensvorteile« für Gruppen. Der Gruppenzusammenhalt wird gestärkt, die Gruppe profitiert, weil sie nicht so leicht zerfällt. Die Überwachung der Regelbefolgung erfolgt selbstorganisiert, Regelverstöße werden sofort mit Sanktionen durch die anderen belegt. Die reichen vom Meiden des Abweichlers bis hin zum Rauswurf aus der Gruppe.

Es ist demnach nur allzu verständlich, dass Kinder nicht einfach so mal das Handy in die Schublade legen, auch dann, wenn sie selbst die Kommunikation als Belastung erleben. Ausschalten ist eben keine einfache Lösung.

Selbst für Erwachsene, die bewusst versuchen, sich durch soziale Normen nicht allzu sehr beirren zu lassen, ist es kompliziert, gesunde Routinen der digitalen Kommunikation zu entwickeln oder sich gewissen Kanälen zu entziehen. Wer heutzutage studiert, kommt ohne ein Facebook-Profil nicht mehr aus. Viele Lerngruppen oder sogar offizielle Universitätseinrichtungen sind über Facebook organisiert. Wer ein Facebook-Profil braucht, braucht auch Facebook-Freunde. Man könnte versuchen, sich Facebook weiter zu entziehen, die Regeln des Sys-

39 Tajfel, H., Billig, M. G., Bundy, R. P., & Flament, C. (1971). Social categorization and intergroup behaviour. European Journal of Social Psychology, 1(2), 149–178.

tems zu boykottieren. Ein Profil unter falschem Namen anlegen und jedem Dozent erklären, warum man diesen Decknamen nutzt. Auf Freundschaftseinladungen nicht reagieren und den Freunden erklären, ich will gar nicht auf Facebook sein, ich bin hier nur, weil die Uni es will, daher will ich auch deine Freundschaft hier nicht haben.

Alles reichlich kompliziert. Am Ende ist es dann doch einfacher, eben auch ein normaler Facebook-User zu sein, so ging es auch Michael:

> **Eigentlich wollte ich nie zu Facebook.**
> *Ich habe das immer belächelt, das ist was für Selbstdarsteller und Idioten. Aber dann musste es eben sein, für dieses Uni-Projekt, die Infos gab es nur in der Facebook-Gruppe. Und dann hab ich gemerkt, eigentlich auch echt ganz nett, was man da so alles mitbekommt. Auch von Leuten von früher, mit denen ich mal in der Schule war. Und klar, wenn mir jemand schreibt, dann antworte ich eben auch schnell. Jetzt bin ich jeden Tag auf Facebook, meistens morgens, als Einstieg vor der Arbeit.*

Eine neue Routine ist geboren. Jeden Tag gehören zwanzig Minuten der Bewunderung von Fotos und Geschichten von engen und weniger engen Bekannten. Ein Ritual, das manche als Bereicherung erleben mögen und darauf auch nicht verzichten wollen. Doch das Beispiel zeigt, wie schnell sich unser Alltag mit derlei Aktivitäten füllen kann, die dann auch nicht mehr hinterfragt werden. Hilfreich wäre ab und an ein persönlicher Routinecheck: Welchen Dingen möchte ich wie viel Platz einräumen? Was sind Aktivitäten, die mir wichtig sind, was einfach nur Gewohnheiten? Auch ein bewusstes Routine-Tausch-Experiment könnte dem Glück neue Wege eröffnen: Immer dienstags gönne ich mir statt zwanzig Minuten Facebook am Morgen zwanzig Minuten Yoga. Statt jeden Morgen »Sport Bild online« laufe ich den schöneren Weg zur Arbeit. Statt während der Arbeit auf Chats zu antworten, arbeite ich konzentriert und mache dreißig Minuten früher Feierabend.

EINLADUNG ZUM EXPERIMENT

Dieses Kapitel soll kein Plädoyer für den digitalen Kommunikationsstopp sein. Es geht darum, Bewusstsein zu schaffen, dass jede digitale Kommunikation ein Tausch ist gegen Aufmerksamkeit für das Hier und Jetzt. Das eigentliche Ziel – sich kurz mal melden, Hallo sagen, einen Moment von Verbundenheit schaffen – ist schnell erreicht. Aber wie oft schaffen wir den Absprung nicht. Dann ist es doch wieder eine halbe Stunde, die wir damit verbracht haben, Wortfetzen und bunte Bildchen hin- und herzuschicken, ohne im Kern viel gesagt zu haben.

Dies ist eine Einladung zum Experiment, den eigenen Alltag zu durchleuchten und Möglichkeiten auszuprobieren, die tägliche Dosis digitaler Verbundenheit zu regulieren und mit sozialen Normen zu spielen. Natürlich bedarf es anfangs eines gewissen Trainings. Der erste Urlaub ohne WLAN kann sich zunächst wie Einsamkeit anfühlen. Es ist ungewohnt, den Morgen nicht mit dem Blick aufs Handy zu beginnen bzw. es ernüchtert wieder beiseite zu legen, weil es eben keine neuen Nachrichten für mich gibt (außer vielleicht wirklich, wirklich wichtige Nachrichten, die mich dann noch per SMS erreichen. Wenn die beste Freundin feststellt, dass der WhatsApp-Kanal momentan tot ist, wird sie uns sicherlich die frohe Botschaft, dass ihr Baby da ist, auch per SMS zukommen lassen. Genauso wird uns auch die besorgte Nachbarin erreichen, die noch mal genau wissen will, ob die Katze nun besser um zehn Uhr oder elf Uhr gefüttert werden sollte. Wichtige Nachrichten finden ihren Weg, das war auch in Zeiten vor WhatsApp so).

Training für Fortgeschrittene wäre, nicht nur im Urlaub, sondern auch im Alltag mit Smartphone-Abstinenz zu experimentieren. Zum Beispiel der unter Berufstätigen weit verbreitete morgendliche E-Mail-Check schon von daheim aus: Schafft er tatsächlich mehr Entspannung? Tut es gut, zu wissen, was einen im Büro erwartet, sich einen Wissensvorsprung zu verschaffen (der allerdings kein Vorsprung mehr ist, wenn alle die Mails schon zu Hause lesen)? Oder zerstört der E-Mail-Check vielmehr die letzte Oase der Entspannung, bevor man sich in den Arbeitstag stürzt? Man könnte morgens auch einfach nur Kaffee trinken und Radio hören, sich mit der Familie unterhalten, Kraft sammeln für den Tag.

Natürlich, das Experiment ist gewagt. Vielleicht ist der Verzicht auf den E-Mail-Check in manchen Jobs auch wirklich nicht mehr möglich – oder manchmal auch eine Frage des Trainings und der Frage, was man unter beruflicher Professionalität versteht. Professionell kann heißen, immer präsent zu sein, immer der Erste zu sein, der eine Mail beantwortet, niemals wirklich weg zu sein. Professionell kann aber auch heißen: Ich achte auf meine Freiräume für Kreativität und Erholung, ich bin so kompetent in meinem Job, dass ich es mir erlauben kann, mich erst mit Beginn der Arbeitszeit mit den neuen Anforderungen des Tages zu konfrontieren. Das fordert heraus. Es braucht schon eine gewisse Coolness, vollkommen »ahnungslos« ins Büro zu kommen, mit der Zuversicht, auf alles, was gleich auf meinem Bildschirm erscheint, adäquat reagieren zu können. Den Leuten, die einem im Flur begegnen und erwartungsvoll fragen »Hast du meine Mail gelesen?«, einfach ein »Nein, noch nicht« zu entgegnen. Könnte spannend werden. Wäre doch eigentlich mal ein Experiment wert.

Auch auf privater Ebene hängt das »richtige« Verhalten von der persönlichen Definition ab. Gute Freundschaft kann man verstehen als immer für den anderen da sein, jeden Chat sofort beantworten. Das heißt bei mehreren guten Freunden, parallel dazu weitere Chats zu bedienen sowie in der Unterhaltung mit live anwesenden Personen präsent zu sein. Gute Freundschaft könnte auch heißen, ich bin heute Abend mal ohne Handy unterwegs. Aber wenn ich danach heimkomme und sehe, du hast geschrieben, melde ich mich zurück. Und wenn wir uns morgen Abend sehen, bin ich ganz für dich da und habe keine Chatpartner parallel zu dir.

Unter einer romantischen Beziehung kann man verstehen, ständig im Kontakt zu sein, dem Partner viele Fotos zu schicken und am Alltag komplett teilhaben zu lassen sowie mindestens täglich zu telefonieren, wenn einer mal auf Geschäftsreise oder allein im Urlaub ist. Eine andere Möglichkeit wäre, ganz bewusst nur dann zu schreiben, wenn man sich dem anderen gerade besonders verbunden fühlt oder einen speziellen Moment teilen möchte. Und sich nach einer Zeit des Getrenntseins umso mehr zu erzählen zu haben. Real und non-digital.

TECHNIK ALS FREIFAHRTSCHEIN

Wenn Technik uns von der Verantwortung für Respekt und Rücksichtnahme befreit

Ohne Technik keine Rechte

Safari in Südafrika – aber Caroline hat Pech. Nach kurzer Zeit macht ihre Kamera schlapp, Akku leer. Mist. Das ist doppelt ärgerlich, denn ohne Technik keine Rechte. Ihren Platz mit guter Sicht im Auto ist sie damit auch los. Die Freundinnen sind sich einig: »Lass jetzt mal die Anna da hin, bei dir bringt es ja nichts.« Caroline ist kurz irritiert über die barsche Ansage, sieht aber an den Blicken ihrer Freundinnen, dass die es eindeutig ernst meinen. Kleinlaut verkrümelt sie sich auf die Rückbank.

Eindeutiger geht es wohl kaum. Schlagartig ist Annas Blick weitaus mehr wert als der Blick von Caroline. Denn Caroline kann ihre Eindrücke nicht mehr per Kamera festhalten, Anna schon. Der vermeintliche Mehrwert durch Wahrnehmung mittels Augen plus Kamera scheint so offensichtlich, dass über den Platztausch gar nicht diskutiert werden muss. Auch ein Abwechseln kommt wohl nicht infrage, denn Anna kann immer »mehr aus dem Moment rausholen« als Caroline ohne Kamera. Und die Fotos dürfen am Ende ja auch alle anschauen. Ob die Rechnung »Mehr Fotos, mehr positives Erleben für alle« so tatsächlich stimmt, ist fraglich. Wie im Kapitel »Technik bestimmt, was zählt« geschildert, geht durch den Kamerablick auch einiges verloren. Aber so weit reichen die Überlegungen selten. Sobald das Tun durch die Technik vermittelt wird, gelten andere Umgangsformen. Grundlegende Formen von Respekt und Rücksichtnahme werden ausgesetzt – wie das Tun beim anderen ankommt, wird nicht mehr reflektiert. Als könne man einfach nicht anders, als den Möglichkeiten der Technik zu folgen und diese gegen alles andere durchzusetzen. Implizit gilt: Wenn Technik diese Option geschaffen hat, wird es eine gute Option sein. Dazu zählt auch, in drei Stunden Safari dreitausend Fotos machen zu können, und es wird allgemeine Unterstützung erwartet, diese Chancen auch voll ausnutzen zu können.

Das hätte sich Caroline auch denken können, dann hätte sie sich zur Sicherheit noch einen Zweit-Akku eingepackt. Nicht nur, um Fotos machen zu können, sondern auch, um als gleichberechtigte Safari-Teilnehmerin zu gelten.

So ist das eben heutzutage, man erwartet es gar nicht anders. Aber weh tut es trotzdem. Technik macht das früher Undenkbare möglich, nicht nur auf funktionaler Ebene, sondern auch auf der Ebene der Umgangsformen. Technik schafft Vorrechte gegenüber einer Erlebnisqualität, die nicht digital vermittelt ist. Technik eröffnet den Raum für ewige Unverbindlichkeit, für eine neue, eine rauere Diskussionskultur, und sie untergräbt den Austausch. Wir gelangen in einen Teufelskreis der Rücksichtslosigkeit: Was früher noch als inakzeptabel und respektlos galt, ist heute normal. Dazu einige Beispiele.

TECHNIK SCHAFFT VORRECHTE

Teneriffa-by Night-Tour, gigantischer Sternenhimmel im Teide-Nationalpark. Um Himmelskörper zu erkennen, muss es möglichst dunkel sein – die Augen brauchen dreißig Minuten Gewöhnungszeit. Alle sind schwer beeindruckt, so haben sie die Milchstraße noch nie gesehen. Bis ein paar Verrückte ihre iPads herausholen und alles hell erleuchten. Mit dem iPad kann man nämlich Sternenbilder identifizieren. Und dann gleich noch das iPhone dazu, Taschenlampe angeknipst. Dann erst mal genug Natur, mit Freunden chatten. Weil irgendwie langweilig hier, man sieht die Sterne gar nicht richtig …

Innerhalb von wenigen Augenblicken wurde hier durch Einzelne ein Erlebnis für viele zerstört oder zumindest stark beeinträchtigt. Aber die Unglücksstifter sind fein heraus – es ist ja nicht ihre Schuld, dass das Handy so hell strahlt, dass der Effekt der Anpassung der Augen an das Dunkel danach ruiniert ist. Obwohl wir uns der Konsequenzen für unsere Mitmenschen durchaus bewusst sein könnten, müssen wir uns weniger verantwortlich fühlen, als wenn wir sie direkt herbeigeführt hätten. Es ist ja die Technik, die das Unheil bringt. Wenn das Handy eine Taschenlampe hat, dann wird es wohl auch erlaubt sein, diese in der Dunkelheit zu verwenden. Wann auch sonst?

Unglücksregel 1:
Frage nicht nach Konsequenzen für deine Mitmenschen – frage dich nur, was du gerade willst, und wie dir die Technik dabei helfen kann. Was die Technik bietet, ist erlaubt.

Natürlich gibt es auch ohne Technik rücksichtsloses Verhalten. Und Personen, die dazu neigen, legen dies wahrscheinlich mit oder ohne Gadget in der Hand an den Tag. Aber mit Technik wird die Hürde weitaus geringer. Die Handlung generiert sich ja aus der Technik, eine Rechtfertigung darüber hinaus ist nicht notwendig. Kein Grund mehr, beim Bezahlen an der Supermarktkasse die Kassiererin als Mensch zu würdigen, vielleicht bitte und danke zu sagen oder dem Gegenüber in die Augen zu schauen. Sie sieht doch schließlich, dass ich Stöpsel im Ohr habe und gerade am Telefonieren bin. Hier ist Technik ein Freifahrtschein für die Vernachlässigung des potenziellen direkten Gesprächspartners. So auch letzte Woche beim Bäcker um die Ecke. Ein Mann betritt den Laden, ruft der Verkäuferin über ein paar Meter hinweg seine Bestellung zu, telefoniert parallel dazu mit dem Headset. Leider ist nicht klar, was davon sich an die Verkäuferin richtet und was Telefonat ist. Auch die Bestellung hat die Verkäuferin nicht verstanden: »Was bitte möchten Sie? Welche Brötchen?« Aber sie kriegt keine Antwort. Der Kunde bekommt gar nicht mit, dass er angesprochen wird, hat sich schon längst wieder abgewendet, der entfernte Gesprächspartner ist wichtiger als die Gesprächspartnerin hinter der Brötchentheke. Einmal guckt er kurz mürrisch rüber, anscheinend geht es ihm zu langsam. Die Verkäuferin gestikuliert, zeigt fragend auf verschiedene Brötchensorten. Alle anderen Kunden müssen warten, scheinen dabei aber überraschend verständnisvoll. Der gute Mann ist ja schließlich am Telefonieren.

Unglücksregel 2:
Konzentriere dich ganz auf dich und die Technik, allenfalls noch auf den Kommunikationspartner am anderen Ende der Leitung. Was direkt um dich herum geschieht, muss dich nicht interessieren – die Leute werden schon klarkommen.

Wer ein technisches Gadget mit sich führt, kann sich quasi alles erlauben. Eine abgemilderte Form dieses Phänomens ist auch der bereits in vorherigen Kapiteln beschriebene Fotowahn vor Sehenswürdigkeiten und an Aussichtspunkten. Einfach entspannt dastehen und umherblicken wird unmöglich. Ständig steht man jemandem im Bild und muss Platz machen. Ein Wink mit der Kamera und man weiß Bescheid: Es ist Zeit, an den Bildrand zu verschwinden – Technik als Freifahrtschein. Automatisch bittet man um Verzeihung. Wie rücksichtslos, einfach so herumzustehen, als Hindernis im Bild der anderen. Selbstverständlich macht man gerne Platz, bis das Shooting der anderen beendet ist. Bis jeder jeden in jeder Pose abgelichtet hat. Zum Abschluss macht jeder noch ein Selfie.

Alle Platz machen bitte für den Selfiestick (Kzenoa/Shutterstock.com)

EINE NEUE DISKUSSIONSKULTUR: DU, ICH UND DIE NETZGEMEINDE

Eine andere Form der technikgeprägten Veränderung der Umgangsformen ist die neue Diskussionskultur, die sich daraus ergibt, dass Aussagen parallel zum Gespräch im Internet geprüft werden. Auch fehlende Details persönlicher Erlebnisberichte scheinen nicht hinnehmbar, unruhig rutscht mein Gegenüber auf dem Stuhl hin und her, bevor wir nicht klären konnten, wie noch mal das Museum hieß, das wir am dritten Tag unserer Spanien-Rundreise besucht hatten und wie viele Menschen jetzt genau die katalanische Sprache sprechen. Besonders beliebt ist hierfür Wikipedia, das umfangreichste Lexikon der Welt, das gesammelte Wissen der Netzgemeinde. Was hier behauptet wird, sollte ja in der Regel auch stimmen. Leider ist auch Wikipedia nicht immer komplett zuverlässig. Oder aber die schnelle Antwort lässt sich doch nicht ganz so schnell finden, weil die Angaben über die Seite verstreut oder sogar widersprüchlich sind. So auch bei unserem Beispiel zum Wikipedia-Eintrag über die katalanische Sprache (https://de.wikipedia.org/wiki/Katalanische_Sprache, Stand 30.01.16): Laut Steckbrief am rechten Rand hat die katalanische Sprache 7,2 Millionen Sprecher. Im Text steht zur Verbreitung der Sprache dann, es gäbe 12,6 Millionen Menschen, die Katalanisch verstehen. Weiter unten heißt es, dass etwa 11,5 Millionen Menschen Katalanisch auch aktiv beherrschen. Irgendwie kompliziert. Wir konnten es also nicht so ganz klären, aber vielleicht darf ich jetzt zumindest weiter von meinem Urlaub und meinen persönlichen Highlights berichten. Problematischer für die Diskussionskultur als die wenig hilfreiche Antwort durch Wikipedia ist, dass mein Gegenüber mir schon gar nicht mehr richtig zuhört, weil er oder sie mit Online-Recherche beschäftigt ist.

Unglücksregel 3:
Sei immer in Recherche-Bereitschaft, lege das Smartphone niemals aus der Hand. Lauere auf das nächstmögliche Stichwort, das dir erlaubt, Wikipedia zu starten und die Geschichte deines Gegenübers erst komplett zu machen.

Ein harmloses Stichwort genügt, um den Wikipedia-Reflex auszulösen. Ob dieses Stichwort für mein Argument zentral ist, ob ich das gemeint habe – alles egal, sobald der Recherche-Modus aktiviert wurde. Aufmerksamkeit bekomme ich erst wieder, wenn mein Gegenüber mir ein Suchergebnis auf dem Smartphone-Display präsentieren kann. Es bleibt schlicht kein Raum mehr für die ausführliche Darlegung persönlicher Positionen und Meinungen und für die Entfaltung von Diskussionen. Bevor man dem anderen richtig zugehört hat, wird schon das Handy gezückt: Hier steht es doch, so ist es wirklich. Aus dem Meinungsaustausch von Angesicht zu Angesicht wird ein »du, ich und die Netzgemeinde«. Wobei die Netzgemeinde immer recht hat.

Ähnlich verhält es sich mit Empfehlungen und persönlichen Erfahrungen, auch hier zählt im Zweifel die Meinung der Online-Welt. Warum sich für Empfehlungen aus erster Hand interessieren, wenn ich doch schauen kann, wie etwas im Netz bewertet wurde. Egal ob Shampoo, Computer-Grafikkarte, Sportschuhe oder Hotel – alles wurde schon irgendwo bewertet oder im Forum diskutiert.

Das Forum hat recht

Endlich habe ich es geschafft, Tanja zu überreden, auch mit dem Snowboarden anzufangen. Nachdem sie ein paar Videos im Netz gesehen hat, ist sie begeistert. Mal probefahren will sie mein Board gar nicht, sondern sich für den ersten Urlaub gleich ein eigenes anschaffen. Aber welches? Es gibt im Wesentlichen die Wahl zwischen Grip und Wendigkeit. Meine Versuche, sie für maximalen Grip zu gewinnen – insbesondere auf vereisten Pisten sehr wertvoll –, blieben fruchtlos. Im Forum war die Meinung, dass wendigere Boards cooler sind und mehr Spaß bringen. Ihre Bilanz nach dem Urlaub: »Ja, hat total Spaß gemacht, aber die Stürze taten schon sehr weh, das Board hat ja kaum Haftung, und vereiste Skipisten sind nun mal sehr hart …« Meine Besserwisser-Kommentare verkneife ich mir.

Die Forum-User im Beispiel von Tanja haben sie sicher nicht absichtlich schlecht beraten. Wahrscheinlich waren es einfach alles geübte Fahrer, die eher nach der Logik argumentierten, dass guter Grip auch zum Verkanten des Boards und damit zu Stürzen führen kann, daher für Anfänger ungeeignet ist (auf die technischen Details sowie Vor- und Nachteile wollen wir hier nicht näher eingehen).

Wie in vielen Bereichen hängt auch in der Snowboard-Debatte vieles an subjektiven Wertungen, es gibt kein klares Richtig oder Falsch. Es gibt verschiedene Fahrstile und unterschiedliche Pistenverhältnisse. Welches Board man wählt, hängt am Ende von der persönlichen Präferenz ab.

Die interessante Frage ist aber generell: Warum wird etwas so viel wahrer und glaubwürdiger, nur weil es im Netz steht? Warum vertraut Tanja mehr auf Leute, die sie gar nicht kennt, als auf die direkte Erfahrung von Bekannten?

Eine Rolle spielt hierbei wahrscheinlich auch, dass uns Geschriebenes generell glaubwürdiger scheint als das gesprochene Wort im Alltag. »Da steht es doch Schwarz auf Weiß«, ist in den Köpfen fest verankert. Dass das, was in Internetforen »Schwarz auf Weiß« geschrieben steht, auch nur von Menschen geschrieben ist, denen wir genauso in der Kneipe über den Weg laufen könnten, und keinesfalls ein Hinweis auf solide Recherchen oder redaktionelle Qualitätssicherung, wie man es vielleicht mit dem gedruckten Wort zur Zeit der Alleinherrschaft der Printmedien in Verbindung bringt, scheinen dabei viele zu vernachlässigen. So wäre es wahrscheinlich einfacher, netzaffine Bekannte von der eigenen Meinung zu überzeugen, wenn man diese unter einem Decknamen im Forum postet.

Die ständige Nutzung der Netzintelligenz wird ironischerweise am Ende auch zum Problem für die Diskussionskultur unter denjenigen, die selbst über das Netz kommunizieren. Auch im Skype-Chat mit Freunden sind die oben beschriebenen plötzlichen Abbrüche des Gesprächs zu Recherchezwecken keine Seltenheit. Man schreibt dem anderen etwas, diskutiert ein wenig, und plötzlich bleibt die Antwort aus. Statt den Austausch mit mir weiterzuführen, schaut mein Chatpartner jetzt, was die Netzgemeinde dazu sagt. Irgendwann kommt dann vielleicht noch mal ein Link mit vielsagenden Worten wie: »Haha, hab ich es doch gesagt.« Jetzt muss ich erst das lesen, was andere dazu gesagt haben, um wieder ins Gespräch einsteigen zu können.

Hierbei zeigt sich auch ein generelles Merkmal der Kommunikation via Chat und Instant-Messaging-Diensten wie WhatsApp: Anders als im direkten Gespräch oder im Telefonat gibt es kein definiertes Ende. Ein Chat kann jederzeit unterbrochen und später wieder aufgenommen werden. In ihrem ZEIT-Artikel »Das neue Normal« bezeichnen die Kommunikationswissenschaftler Peter Vorderer und Christoph Klimmt dieses Phänomen als Konversation im latenten Dauerzustand, mit dem Gefühl, einen Kontakt jederzeit wieder aufnehmen zu können. Die Autoren diskutieren hierbei die Einbußen an Kohärenz und Geschlossenheit, meinen aber auch, die latente Dauerkonversation könne das Gefühl von Verbundenheit und dauerhafter Gemeinsamkeit im Alltag stärken. Beidem können wir grundsätzlich zustimmen. Wichtig scheint aber – wie für jedes Gespräch – auch hier die Entwicklung von gemeinsamen Normen der Kommunikation. Auch im direkten Gespräch rennen wir nicht plötzlich aus dem Raum. Hat man genug von einer Unterhaltung mit dem Arbeitskollegen, begleitet man das Verschwinden mit erklärenden Floskeln wie: »So, ich muss mich dann gleich noch auf einen Termin vorbereiten. Bis bald wieder.« Auch am Telefon gibt es Abschiedsformeln. Im Chat ist dies unklarer. Es ist unklar, welche Verpflichtung man eingeht, wenn man auf eine Nachricht antwortet, es ist unklar, ob man sich verabschieden muss, oder ob man begründen sollte, wenn man längere Zeit nicht mehr antworten wird. Diese Unklarheiten führen dazu, dass die Chatpartner unterschiedliche Erwartungen haben können und ein Verhalten, das der eine als ganz normal ansieht, beim anderen als rücksichtslos und verletzend ankommt. In Skype offline gehen, ohne sich zu verabschieden, kann sich für den plötzlich verlassenen Chatpartner nahezu so anfühlen, als sei mitten im Gespräch der Telefonhörer aufgeknallt worden.

Unglücksregel 4:
Nutze Skype, um deinen Chatpartner immer wieder zu überraschen. Zeig, dass du dringend Aufmerksamkeit brauchst, stelle tiefgreifende Fragen, bring den anderen zum Nachdenken. Ausreden wie: der andere sei beschäftigt oder müsse dringend arbeiten, gelten nicht. Lasse nicht locker, mach dem anderen ein schlechtes Gewissen, eine kurze Antwort wird ja wohl noch drin sein. Und dann kommt dein Auftritt: plötzlich bist du offline. Keine Antwort ist auch eine Antwort.

EWIGE UNVERBINDLICHKEIT

Eine weitere Auswirkung der veränderten Kommunikation durch technische Errungenschaften ist die ewige Unverbindlichkeit. Je mehr Kommunikationskanäle zur Verfügung stehen, um jederzeit erreichbar zu sein, umso unverbindlicher wird es. Martin, ein Bekannter von uns, ärgert sich besonders über die Dreistigkeit, mit der viele Menschen Verabredungen in letzter Minute verschieben oder absagen und dabei billigend in Kauf nehmen, dass der andere dumm dasteht.

Die gute alte Zeit

»Früher hieß es, wir sind um drei verabredet und dann war man auch da. Musste man auch, weil man sich nicht erreichen konnte und es ja klar war, dass man den anderen nicht warten lässt. Und auch in der Gruppe. Wenn es hieß, um zwei am Fußballplatz, dann waren alle da. Sonst hätte man auch einfach Pech gehabt, wenn die Gruppe dann weitergezogen ist. Heute – das muss man sich mal überlegen – schreibt mir jemand, dass er zu spät kommen wird, in dem Moment, in dem er schon zu spät ist. Um 13 Uhr war ich heute verabredet, ich war pünktlich da, und um fünf nach eins schreibt der mir, dass es später wird. Dass ich dann Bescheid weiß, macht es ja nicht besser, ich muss trotzdem warten. Als jemand, der Verabredungen noch ernst nimmt, ist man am Ende immer der Dumme.«

Abgesehen vom kurzfristigen Verschieben oder der Absage wird es auch immer schwieriger, sich überhaupt noch auf definitive Verabredungen einzulassen. Statt einer verbindlichen Vereinbarung wie: »Morgen Abend, acht Uhr«, heißt es immer öfter: »Wir hören uns dann noch mal.« Das kann alles heißen.

Mal sehen, was sich bis morgen so entwickelt, welche Optionen bis dahin noch zur Wahl stehen. Wer die vermeintliche Verabredung als verbindlicher versteht, als sie gemeint war, ist selber schuld.

Selbstverständlich hat es auch einen hohen Wert, durch Technik spontan sein zu können. Unnötiger Stress durch starre Zeitangaben kann vermieden werden, man kann sich zu dem Zeitpunkt sehen, zu dem es wirklich passt. Maike kann schon mal in die Stadt gehen und durch die Läden bummeln, während ihre Freundin Isabell noch mit Hausputz beschäftigt ist. Isabell ruft an, wenn sie in der Stadt ist, und die Freundinnen treffen sich dann zum entspannten Kaffeetrinken. Hier ist die Spontaneität durch mobile Erreichbarkeit ein großer Vorteil. Ohne Handy hätte sich Isabell von vornherein festlegen müssen, etwa auf einen Kaffee um drei. Schafft sie es nicht, die Arbeit bis dahin zu erledigen, muss sie nach dem Stadtbummel erneut ran – und kann den Kaffee mit ihrer Freundin womöglich weit weniger genießen. Oder Maike hätte daheim die Zeit vergehen lassen, bis Isabell fertig ist mit ihrer Arbeit und durch ihren Anruf via Festnetz endlich den Startschuss für den Stadtausflug gibt, und wäre von der Warterei so genervt, dass sie eventuell kaum noch Lust hätte, die Freundin zu treffen. Heute können beide die Zeit bis zum Treffen sinnvoll nutzen und dann entspannt zusammen sein.

Problematisch aus der Glücksperspektive ist es, wenn die eigene Unverbindlichkeit zu Lasten des anderen geht. Sinnvoll wäre es aus unserer Sicht, die technisch mögliche Unverbindlichkeit nicht als Grundzustand zu sehen, sondern im Einzelfall zu prüfen: Spricht etwas dagegen, eine Verabredung schon verbindlich zu machen? Welche Konsequenzen hat eine unverbindliche Verabredung für beide Seiten? Halte ich den anderen in ständiger Warteposition? Verhindere ich, dass der andere Pläne machen kann, falls ich dann spontan doch keine Lust oder

Zeit haben sollte? Und vor allem: Sehen beide Seiten die Verabredung als gleichermaßen verbindlich an?

Je höher die Zahl vermeintlicher Alternativen ist, umso größer wird die Scheu vor Verbindlichkeit. Oftmals kommt es auch zu Gedächtnisschwund, an bereits erteilte Zusagen kann man sich nicht mehr erinnern, sobald eine attraktivere Option im Raum steht ... Raclette-Abend mit Freunden, danach noch ins Pub, das hört sich doch super an – die Kumpels waren sich einig, die Silvesterplanung steht. Dann ergibt sich für Ben eine neue Option. Ein Kommilitone feiert, und die attraktive Julia kommt wohl auch zu der Party, das kann er sich nicht entgehen lassen. Scheinbar beiläufig berichtet er den Kumpels von seinen Plänen – die sind empört: »Aber wir sind doch schon verabredet!« Ben druckst herum: »Ach so, ja? Äh, gut, dann feiere ich mit euch.« Prima Auftakt für eine gemeinsame Feier. Ähnliche Szenarien der Silvesterplanung haben sicherlich viele schon erlebt – alle wollen irgendwie was starten, keiner will sich richtig festlegen, es könnte ja noch was Besseres kommen.

Unglücksregel 5:
Lass deine Freunde immer im Unklaren, halte dir alles offen. Lass die anderen ruhig spüren, dass es noch andere Optionen für dich gibt, das macht dich nur interessanter. Lässt sich eine Zusage nicht vermeiden, sagst du im Extremfall einfach wieder ab oder deklarierst alles als Missverständnis. Ist ja nicht dein Problem, dass man sich auf dich verlassen hat. Die anderen werden für alles Verständnis haben – es sind ja schließlich deine Freunde.

Bei aller Freiheit und Flexibilität wird die Unverbindlichkeit auch oft zum Stressfaktor. Hat man ein Date – morgen Nachmittag 16 Uhr an der Eisdiele –, dann hat man eine verbindliche gemeinsame Sicht auf die Zukunft. Wenn einem allerdings morgen der Sinn mehr nach Kino steht, kann man sich das ja immer noch überlegen. Aber zunächst hat man einen Plan und das Thema bedarf keiner weiteren Beschäftigung. Vage Verabredungen sind nichts Halbes und nichts Ganzes. Man ist nicht richtig frei und nicht richtig verplant, die vage Verabredung belegt jede Menge Arbeitsspeicher im Gehirn. Denn solange man eben nicht fest verabredet ist, steht die Organisation der Verabredung im Raum. Noch dazu oftmals völlig sinnlos, weil nur ein Bruchteil der vagen Verabredungen in echten Treffen resultiert.

Chatprotokoll – beinahe verabredet
Lisa, 14:45: Hallo! Wollte heute nach der Arbeit zum Sport. Hast du auch Lust? Yoga-Kurs?? ☺
Carmen, 14:46: Oh, klingt gut. Aber weiß noch nicht, ob ich es schaffe. Noch so viel zu tun.
Lisa, 14:46: Ooch, wäre so schön.
Carmen, 14:46: Ich versuche es. Beeil mich. Sag dir später noch mal Bescheid.
Carmen, 17:30: Hab jetzt voll durchgepowert und Tom überredet, dass wir Einkauf auf morgen verschieben. Also ich bin dabei, freu mich ☺
Carmen, 17:42: Wann geht der Kurs los? Halb sieben?
Lisa, 18:11: Sorry, war mit Kollegen was trinken, hab Handy nicht gehört. Bin jetzt doch zu kaputt für Yoga, hab schon einen Hugo getrunken ☺ Aber nächste Woche dann!!
Carmen, 18:11: ☹

Was im ersten Moment als Gewinn daherkommt – erst mal im Chat hören, was so geht, verschiedene Optionen in den Raum stellen, man könnte dies, man könnte das, und eigentlich will man irgendwann zwischendurch auch noch mal zum Sport – ist auf den zweiten Blick auch ein ganz schöner Zeitfresser. Statt sich real zu treffen, verbringt man die Zeit in Chats mit Beinahe-Verabredungen. Welcher Anteil von WhatsApp-Chats befasst sich mit persönlich bedeutsamer Kommunikation (zum Beispiel: Wie geht es dir?) und welcher Anteil mit der Organisation der eigentlichen Kommunikation (wer wie wo wann was)? Der quasi kostenfreie, unbegrenzte Austausch über WhatsApp ist für vielerlei praktisch, aber er führt nicht gerade dazu, Dinge schnell auf den Punkt zu bringen. Da wünscht man sich manchmal, es würde wieder mehr über die gute alte SMS laufen, da war es in der Regel nach zwei bis drei Nachrichten geschafft, etwas klar zu machen. Oder noch antiquierter, der Telefonanruf.

Und selbst wenn sich die Clique dann zusammengefunden hat, geht es weiter mit der ewigen Unverbindlichkeit. Parallel zum Hier und Jetzt will man hören, was die anderen machen. Überlegen, wo es sich lohnt, noch vorbeizuschauen, abschätzen, ob die andere Location vielleicht mehr zu bieten hat als der momentane Ort. Früher war es klar, ich bin auf einer Feier, ich bin bei einem Abend mit Freunden, und da bleibe ich dann auch den Abend über. Man hat sich eingelassen auf das, was ist. Aus heutiger Sicht könnte man so einen Abend aus unserer noch mobiltelefonlosen Jugend als Achtsamkeitsübung bezeichnen. Heute ist man da aber gleichzeitig immer auf dem Sprung. Meine Gesellschaft kann jederzeit abgeworben werden. Wie auf YouTube, wo man zum nächsten Video klickt, wenn der aktuelle Spot nicht genug zu bieten hat. Wir haben verlernt, Momente der Langeweile auszuhalten und als Möglichkeit für Neues zu begreifen. Bevor die Stimmung sich entwickeln kann, ist die Hälfte der Leute bereits wieder weg. Dass es vielleicht gerade diese Haltung des Sich-auf-nichts-mehr-Einlassens ist, die verhindert, dass sich eine gute Stimmung entwickelt, ist den Partyhoppern womöglich selbst gar nicht bewusst.

Peter Vorderer und Christoph Klimmt erkennen in ihrem oben genannten *Zeit*-Artikel in der Unverbindlichkeit positive und negative Anteile: aus optimistischer Sicht einen Gewinn an Autonomie und Flexibilität, aus pessimistischer Sicht einen Verlust von Loyalität und Verantwortungsbewusstsein. Auch wir denken, beides kann zutreffen. Am Ende geht es vor allem darum, sich die Spielregeln, den Stand der Dinge bewusst zu machen. Sind wir nun fest verabredet oder nicht? Heißt: »Lass uns Samstagabend was machen«, wir halten uns jetzt beide den Abend frei und weisen neue Angebote ab – oder heißt es, wir sind das Back-up für einander, und nur wenn nichts Besseres eintrudelt, werden wir uns sehen?

KNIGGE RELOADED: UMGANGSFORMEN IM DIGITALEN ZEITALTER

Die vielen Möglichkeiten der digitalen Welt ermöglichen neue Umgangsformen wie eben ewige Unverbindlichkeit, das Checken der Argumente des Gegenübers parallel zum Gespräch auf Wikipedia oder in Online-Foren, oder das Telefonat parallel zum Brötchenkauf. Neue Möglichkeiten erfordern auch neue Diskussion darüber, was uns angemessen scheint, wie die Menschen miteinander umgehen sollten. Ein »Knigge reloaded« für Umgangsformen im digitalen Zeitalter. Im Unterschied und in Ergänzung zum Original-Knigge interessiert uns neben guten Manieren, gesellschaftlichen Benimmregeln und gegenseitiger Rücksichtnahme und Respekt vor allem die Anleitung zu einem guten Umgang aus der Perspektive von Glück und Wohlbefinden. Interessant ist hierbei, wie schnell sich die Ansichten darüber, was angemessen zu sein scheint, was als Glück oder Gefahr zu werten ist, über wenige Jahre verändern.

Zunächst ein Zeitsprung ins Jahr 1997. Zur Orientierung: Ins Internet kam man mit teuren Einwahlnummern, Nokia war Weltmarktführer im Segment Mobiltelefone und es gab noch die D-Mark. Auch damals schon wurden die Auswüchse zunehmender digitaler Kommunikation und die Konsequenzen für das gesellschaftliche Miteinander kritisch diskutiert. So beschreibt Hellmuth Karasek in seinem Buch »Hand in Handy« den sogenannten »Handyst« als öffentlichen Ruhestörer und Telefon-Terroristen, der verächtliche Blicke erntet, nach dem Motto: »Der muss es wohl nötig haben.« Karasek vergleicht die gesellschaftliche Ächtung von Handynutzern mit der von Rauchern oder Leuten, die sich der Mülltrennung oder der gesunden Ernährung verweigern. Abschließend stellt er die Frage: »Kann man sich jemanden vorstellen, der Vegetarier ist und doch mit dem Handy telefoniert?«

Sogar ein Blick nur einige Jahre zurück zeigt schon, wie rasch sich zunächst absurd scheinende Praktiken, mit denen sich damals noch eine Story machen ließ, dann doch etabliert haben und sozial anerkannt sind. In einem Trend-Report über die »Generation Online« von 2010 will uns die Frauenzeitschrift *petra* mit Listen von Dos and Don'ts Orientierung bieten. Erlaubt ist es beispielsweise, Partyeinladungen digital zu versenden, verboten ist es aber weiterhin, lieber Zeit mit technischen Geräten statt mit echten Menschen zu verbringen. Der kritische Bericht zeigt auch die Gefahren für das soziale Miteinander. Es wird beschrieben, wie YouTube einen Abend mit Freunden aus Sicht der Gastgeberin vollends ruinieren kann, wenn die Aufmerksamkeit plötzlich nur noch Katzenvideos statt dem liebevoll zubereiteten Menü und der Deko gilt. Als großer Aufreger dienen Fotos von Prominenten, die sogar beim Friseur unter der Trockenhaube nicht von der Technik lassen können oder ihre technischen Gerätschaften mit zum Sport nehmen. Heute keine Meldung mehr wert. Das Verhalten, das damals

als Phänomen einzelner Wichtigtuer beschrieben wurde, als einer Randgruppe in der Defensive, legen wir heute fast alle an den Tag.

Befragt man die Knigge-Website (knigge.de) zu guten Umgangsformen im Kontext der Digitalisierung, fallen die Antworten vergleichsweise dürftig aus. Benimmregeln zu WhatsApp und YouTube sind wohl noch in Arbeit, Hinweise gibt es aber schon zur Handy-Nutzung. So erläutert der »Handy-Knigge«[40] beispielsweise das gesetzliche Verbot des Telefonierens an Tankstellen, denn wenn man das Handy während eines Telefonats aus der Hand fallen lässt, kann es passieren, dass der Akku herausspringt, sich Funken bilden und diese dann Gase aus dem Tank oder aus der Zapfpistole explodieren lassen. Ein derartiger Unfall sei bislang allerdings glücklicherweise nicht bekannt. Als gesellschaftliche Handy-Tabuzonen werden weiterhin Theater, Kino, Gottesdienst und Beerdigungen aufgeführt.

Weitere Tipps zum Umgang mit moderner Technik liefert der Deutsche Knigge-Rat. Der Knigge-Rat ist ein Expertenkreis, der sich ehrenamtlich mit neuen Trends, Ideen und Fragestellungen zu zeitgemäßen Umgangsformen auseinandersetzt, und unter anderem von Moritz Freiherr Knigge begründet wurde, einem Nachfahren des berühmten Adolph Freiherrn Knigge. In mehreren Online-Beiträgen bietet der Knigge-Rat Tipps zum Umgang mit Facebook. Schon 2010[41] warnte er davor, dass in virtuellen Welten wie Facebook das Gespür für reale Beziehungsgeflechte verloren gehen könnte: Die Bezeichnung aller Kontakte als »Freunde« sei ein Zerrbild des wirklichen Lebens, so Rainer Wälde, Leiter des Knigge-Rats. Als zentrale Verhaltensregel gilt:

40 http://www.knigge.de/themen/verschiedenes/handy-knigge-5385.htm
41 http://knigge-rat.de/freundschaft-auf-den-ersten-klick-knigge-rat-warnt-vor-naiver-gleichmacherei-in-sozialen-netzwerken/

Zuerst denken, dann schreiben. Hierbei helfe auch die Überlegung: »Möchte ich in zwei Jahren noch lesen, was ich damals geschrieben habe?« 2012[42] gab der Knigge-Rat konkretere Anleitungen zum Schutz der Privatsphäre auf Facebook. Genau überdenken sollte man beispielsweise die Veröffentlichung von politischen Ansichten, sexueller Orientierung oder Familienstand. In einem neueren Beitrag vom Oktober 2015[43] gibt es Tipps dazu, wie man nach einer digitalen Blamage auf Facebook mit dem Fehler am besten umgeht. Wie beispielsweise die Grünen-Politikerin Renate Künast, die einen Schnappschuss vor einer Abraham-Lincoln-Statue auf Facebook peinlicherweise mit »Washington in Washington. Und ich.« betitelte.

Die Empfehlungen des Knigge-Rats zum Umgang mit Fehlern ähneln wohl denen, die man auch abseits der digitalen Welt aussprechen würde: Zum Fehler stehen, sich entschuldigen, mitlachen, Selbstironie. Wie Renate Künast, die am Tag nach der Blamage vor ihrem Aufbruch nach San Francisco postete: »Ob ich George Washington wiedersehe?« Zu guter Letzt folgt auch in diesem Artikel wieder die allgemeine Empfehlung des Vorbeugens durch Nachdenken. Es lohnt sich, vor dem Onlinestellen eines Posts einen Moment nachzudenken. »Im Zweifelsfall ist Schweigen Gold.«

Auffällig bei den Empfehlungen des Knigge-Rats zum Thema Facebook ist insgesamt: Anders als wir es sonst vom Knigge kennen, geht es weniger um den angemessenen Umgang mit anderen, sondern primär um den Selbstschutz. Die Verhaltensregeln sind keine Benimmvorschriften, sondern Survival-Tipps. An manchen Stellen überfordert uns die digitale Welt wohl noch so sehr, dass wir zunächst unser eigenes Überleben si-

---

42 http://knigge-rat.de/privacy-knigge-schuetzt-die-privatsphaere-in-sozialen-netzwerken/

43 http://knigge-rat.de/auf-facebook-blamiert-reagieren-sie-souveraen/

chern müssen, bevor wir uns dem anderen zuwenden können. Bis der Knigge hier offiziell Stellung bezieht, hoffen wir mit diesem Buch zumindest einige Anregungen zu bieten, wie ein persönlicher Benimmkodex für die digitale Welt aussehen könnte.

PARADOXE ERWARTUNGEN UND DER TEUFELSKREIS DER RÜCKSICHTSLOSIGKEIT

Die schizophrene Beziehung der Deutschen zu ihrem Smartphone beschreibt der Internetexperte Alexander Becker in einem Artikel im Dezember 2015 auf dem Internetportal meedia.de. Er zitiert eine Studie des Internet-Research-Unternehmens Fittkau & Maaß, welche die gespaltene Meinung und teils paradoxen Aussagen zur Smartphone-Nutzung offenbart. So sehen 56 Prozent der Nutzer ihre Smartphones als hilfreiches Mittel, um Zeit zu sparen, gleichzeitig sehen aber auch 62 Prozent der Befragten Smartphones als Zeitfresser, die man oft länger nutzt als eigentlich geplant. 38 Prozent finden es ein gutes Gefühl, immer erreichbar zu sein, 56 Prozent hingegen sehen darin eine Belastung. Die Hälfte der Teilnehmer fühlt sich durch die Nutzung von Smartphones im Café oder Bus gestört, die andere Hälfte sieht dies wohl weniger kritisch. Größte Einigkeit besteht aber mit 74 Prozent Zustimmung zu der Aussage: »Der Alltag wäre angenehmer, würden mehr Leute ihr Smartphone ab und zu ausschalten.« Öfters mal Ausschalten als Weg zu mehr Glück scheint also für viele auf der Hand zu liegen, doch die konkrete Umsetzung ist noch unklar.

Die zwiespältige Meinung zur Smartphone-Nutzung scheint übrigens kein rein deutsches Phänomen zu sein. Auch eine vom Pew Research Center (www.pewresearch.org) im August 2015 veröffentlichte Befragung unter US-Amerikanern zeigt, wie die Ansichten zur angemessenen Nutzung von Smartphones oft mit dem eigenen Verhalten in Konflikt stehen. 90 Prozent der Befragten haben ihr Smartphone so gut wie immer dabei, 31 Prozent schalten es niemals aus, 45 Prozent tun dies zumindest in seltenen Fällen.

Insgesamt empfinden die Befragten die Nutzung von Smartphones in sozialen Situationen als ablenkend und störend. 94 Prozent verurteilen beispielsweise die Nutzung von Smartphones in Meetings, 88 Prozent finden dies auch beim Abendessen mit der Familie nicht in Ordnung. Auch die Effekte der Smartphone-Nutzung beim Zusammensein mit Freunden werden kritisch beurteilt. Fakt ist zunächst, dass es kaum ein Treffen gibt, das noch ohne technische Unterstützung bestritten wird. Ganze 89 Prozent geben an, ihr Telefon beim letzten Zusammensein mit Freunden genutzt zu haben, 86 Prozent geben an, dass dies andere Anwesende genauso getan haben. Immerhin 25 Prozent gestehen sich ein, dass ihre Aufmerksamkeit für die Geschehnisse in der Gruppe leidet, sobald sie mit ihrem Smartphone beschäftigt sind – die Übrigen halten sich wohl tatsächlich für multitaskingfähig. Paradox außerdem: Obwohl man sich der Qualitätseinbußen in der direkten Interaktion einerseits bewusst ist, werden andererseits als Gründe für die Techniknutzung oft soziale Motivationen angeführt. Insgesamt 78 Prozent rechtfertigen die Techniknutzung mit der Aufwertung des Treffens durch technikvermittelte Aktivitäten, wie beispielsweise ein Foto posten, das sie gerade von der Gruppe aufgenommen hatten oder um Informationen zu recherchieren, von denen sie annehmen, dass diese für die Gruppe von Interesse sein könnte. Ganz dumm steht man da, wenn man ausnahmsweise mal ohne Handy unterwegs ist – alleingelassen mit sich selbst, ausgegrenzt von der Gruppe. Dies demonstriert auch das Video »I forgot my Phone« von Charlene deGuzman[44], das

---

44 https://www.youtube.com/watch?v=OINa46HeWg8#t=43

einen Tag im Leben einer jungen Frau zeigt, die ihr Smartphone zu Hause liegen lässt und in ihrer Smartphone-dominierten Umwelt keinen rechten Anschluss mehr findet. Eine Szene zeigt beispielsweise ein Treffen mit Freunden im Café: Alle sind mit ihrem Smartphone beschäftigt, den Blick aufs Display fixiert. Die Frau ohne Telefon wirkt verloren. Keiner interessiert sich für sie. Sie hält sich an ihrem Kaffee fest.

Unglücksregel 6:
Gehe niemals, niemals ohne Smartphone aus dem Haus. Du wirst furchtbar einsam sein. Was soll man auch anstellen, so ganz ohne technikgetriebene Veredelung des Moments?

Kurzum: Viele Leute sind genervt von der permanenten Dominanz des Smartphones und der Rücksichtslosigkeit anderer, verhalten sich aber selbst rücksichtslos. Aus Sicht des Einzelnen ist das eigene Verhalten vielleicht oft nur eine Konsequenz aus dem Verhalten anderer – wenn du an deinem Smartphone rumspielst, mache ich es eben auch. Ursache und Wirkung sind nicht mehr so leicht auszumachen, darunter zu leiden haben am Ende alle. Man gelangt in einen Teufelskreis. Durch die Parallelbeschäftigung mit technischen Geräten und die geteilte Aufmerksamkeit für den Gesprächspartner sinkt die Qualität der direkten Kommunikation. Die sinkende Gesprächsqualität beflügelt eine noch intensivere Beschäftigung mit dem Smartphone. Dieses Muster wird schon in frühen Jahren angelegt. So zeigte die 2012 veröffentlichte Befragung unter acht- bis zwölfjährigen Mädchen von Roy Pea und Kollegen, Forscher im Bereich Pädagogik und Kommunikation an der Stanford University: Je seltener die direkte Face-to-face-Kommunikation ohnehin schon ist, umso wahrscheinlicher werden parallel dazu noch das Smartphone oder andere Medien genutzt. Heißt also, wer das direkte Gespräch noch gewohnt ist, weiß es zu schätzen und geht achtsamer damit um. Diese Mädchen schätzen das direkte Gespräch und sehen auch keine Notwendigkeit, es durch parallele Mediennutzung zu »bereichern«. Wer das direkte Gespräch ohnehin schon vernachlässigt und seltener von Angesicht zu Angesicht kommuniziert, ist parallel dazu noch in Online-Kommunikation verstrickt.

Unglücksregel 7:
Lege dein Smartphone niemals aus der Hand – gerade nicht beim Zusammensein mit Freunden. Es könnte sonst zu tiefgreifend, zu vertraulich werden – am Ende noch ein echtes Gespräch.

Das oben beschriebene, aus Sicht der sozialen Interaktion eher ungesunde Verhalten wird dennoch zunehmend akzeptiert. Die sozialen Normen verändern sich, passen sich unserem Verhalten an. Schon 2008 berichteten Hal Abelson, Ken Ledeen und Harry Lewis in ihrem Buch »Blown to bits: your life, liberty, and happiness after the digital explosion« eine zunehmende Selbstverständlichkeit und Akzeptanz, mit der sich Kinder und Erwachsene trotz der Anwesenheit anderer ganz auf ihre technischen Spielzeuge konzentrieren, wie SMS schreiben am Esstisch oder im Internet surfen während des Treffens mit Freunden.

Gut für unser Glück scheinen diese neuen Normen allerdings nicht zu sein. Wir erinnern uns: 74 Prozent würden eine Verbesserung darin sehen, wenn mehr Menschen ihr Smartphone ab und zu abschalteten. Die Menschen leiden unter der ständigen Erreichbarkeit, nehmen wahr, wie die Qualität des Zusammenseins mit Freunden unter der Parallelbeschäftigung mit Technik leidet, und fühlen sich durch das rücksichtslose Verhalten anderer häufig vor den Kopf gestoßen. Es scheint also an dieser Stelle keine gute Idee, die Normen einfach aus dem Verhalten abzuleiten. Stattdessen wäre es gut, bewusst über gesunde Normen zu reflektieren, die Technik als Aufwertung zuzulassen, aber »ungesunde« Techniknutzung zu sanktionieren. Oftmals ist den Rücksichtslosen vielleicht nicht bewusst, wie sich ihr Verhalten für das Gegenüber anfühlt: Für Caroline, die von ihrem Platz verscheucht wird, weil sie ohne Kamera kein Anrecht mehr auf gute Sicht hat. Für die Teilnehmer der Teneriffa-by-Night-Tour, deren Sterneguck-Erlebnis durch die iPad- und iPhone-Beleuchtung zerstört wurde. Für die Bäckerei-Verkäuferin, die mit der unverständlichen Bestellung des Kunden hilflos hinter der Theke zurückblieb. Für Martin, der dumm dasteht, wenn er tatsächlich zum verabredeten Zeitpunkt am Treffpunkt erscheint, und für Carmen, die alles in Bewegung setzt, um die Freundin zum Yoga-Kurs zu begleiten, und dann versetzt wird. Sie alle haben wohl die Regeln der neuen Unverbindlichkeit noch nicht verstanden. Und dabei gibt es so viele andere Leute, die sich schlicht verletzt fühlen, wenn sie das Gefühl haben, ihrem ständig mit dem Smartphone beschäftigten Gegenüber nicht auszureichen. Diese Effekte sind der Person, die sie auslöst, vielleicht gar nicht bewusst, die Vermittlung über die Technik distanziert auch vom eigenen Tun. Wir hoffen, dass diese Geschichten eine Anregung sein können für eine persönliche Reflexion oder, noch besser, einen gemeinsamen Austausch im Bekanntenkreis: welche Form der Techniknutzung ist für uns in Ordnung – und wann werden wir dabei zu Menschen, die wir eigentlich gar nicht sein wollen?

ASCHE ZU ASCHE... STAUB ZU STAUB...
TELEFONIEREN VERBOTEN! ABER EIN SELFIE WIRD DOCH WOHL ERLAUBT SEIN!!
M. Amode

ONLINE-MODUS IN DER OFFLINE-WELT
Wenn die Regeln des Internets uns überallhin verfolgen

Neulich auf der Grillparty – ich bin gerade mit den Maiskolben beschäftigt. Ein Freund ruft mir zu, dass der Spruch auf meinem T-Shirt doppeldeutig und sexistisch sei – man müsse da aufpassen, schließlich trage man Verantwortung. Die anderen bekommen dies mit und steigen in die Diskussion ein. Sofort ist die Debatte in vollem Gange – jeder hat etwas beizutragen. Die Spekulationen über meine Beweggründe für den T-Shirt-Kauf überschlagen sich, Küchenpsychologie vom Feinsten. Ich komme gar nicht erst zu Wort. Keiner will hören, dass es hier wenig zu interpretieren gibt und ich eigentlich nur die Farbe ganz schön fand.

Jeder fühlt sich eingeladen zu kommentieren. Alle reden über einen, als wäre man gar nicht anwesend. Das kennen wir doch schon aus dem Internet. Seit circa fünf Jahren steht bezeichnend dafür der Begriff »Shitstorm« – er umschreibt eine Situation, die außer Kontrolle geraten ist und von negativer Kritik dominiert wird. Ein gutes Beispiel für einen Shitstorm fand im Rahmen der Rosetta-Mission statt, jener Mission der ESA, bei der Weltraumsonden zu dem Kometen Tschurjumow-Gerassimenko fliegen und landen sollten. Auf einer Pressekonferenz sprach der Brite Matt Taylor, Mitarbeiter der Rosetta-Mission, über die erfolgreiche Landung und trug dabei ein Hemd mit Zeichnungen leicht bekleideter Frauen. Prompt folgte ein Shitstorm: ein sexistischer Mitarbeiter ist den Kritikern zufolge kein geeignetes Aushängeschild für die ESA. Die Planung für die Mission begann 1992, seit 2004 war die Sonde Rosetta auf dem Weg zum Kometen, die Reise sollte zehn Jahre dauern, bis der Komet erreicht war und die Landung mit dem Kometenlander Philae gelang. Und was dominiert die sozialen Netzwerke? Ein politisch nicht korrektes T-Shirt.

Das zeichnet eben die moderne Kommunikation aus: Worüber geredet wird und was bedeutsam ist, das bestimmen die anderen. Man ist ihnen vollkommen ausgeliefert und kann in so einer Situation nur verlieren. Auf der Grillparty wollte ich eigentlich meine bestandene Prüfung feiern, aber die anderen zogen es vor, mein T-Shirt zu kommentieren. Und statt einen großen Erfolg der Wissenschaft und der Weltraumforschung zu feiern, bestimmt das Internet, dass ein Hemd im Mittelpunkt stehen sollte.

Bevor wir beleuchten, inwieweit unser Verhalten in der digitalen Welt unser analoges Leben verändert, wollen wir einen Blick darauf werfen, welche Verhaltensweisen sich online eingeschlichen haben. Machen wir hierzu ein Gedankenspiel. Stellen Sie sich folgende Situationen vor:

- Sie sitzen im Büro mit ihren Kollegen, jeder an seinem Platz. Plötzlich steht einer ihrer Kollegen auf und ruft in die Runde, dass er ab sofort nicht mehr Single ist. Er fügt an, dass er aber auch nicht in einer Beziehung ist – »es ist kompliziert«.

- Sie sitzen in einem Café und tauschen sich mit einem Freund über vegetarische Rezepte aus. Plötzlich setzt sich ein Fremder zu Ihnen an den Tisch und belehrt Sie beide darüber, dass Vegetarier ebenfalls Unterstützer der Massentierhaltung und damit Mörder sind. Den Wunsch nach Privatsphäre quittiert der Fremde mit Kraftausdrücken.
- Morgens am Frühstückstisch, ihr Partner steht auf, verlässt die Wohnung, um im Briefkasten nach neuer Post zu schauen. Zehn Minuten später das gleiche Spiel: Aufstehen, zur Wohnungstür raus, Briefkasten checken. Im Laufe des Tages wird der Briefkasten knapp hundertmal überprüft werden und obwohl nichts Wichtiges drin ist, werden andere Tätigkeiten und Unterhaltungen dafür abrupt unterbrochen.

Diese Beispiele wirken beim Lesen absurd, da sie Grenzen der zwischenmenschlichen Kommunikation schamlos übertreten oder schlicht unsinnig erscheinen. Seinen Beziehungsstatus bei jeder Änderung hinauszuposaunen, Ärger mit Fremden heraufzubeschwören, die man gar nicht kennt, oder zwanghaft den Briefkasten auf Posteingang zu kontrollieren – so unangemessen diese Szenarien im echten Leben sind, so normal sind sie in der Online-Welt. Facebook und Co ermuntern uns zu solchem Verhalten. Keine Kleinigkeit unseres Lebens ist unwichtig genug, um sie nicht zu teilen. Und auch Fremden schonungslos die Meinung zu sagen, gehört einfach dazu. Like!

Diese eingeübten Verhaltensweisen bleiben nicht ohne Folgen für die reale Welt.

Kritisch ist hierbei, dass man sich gar nicht mehr entziehen kann. Online bin ich mir dessen bewusst, dort gelten nun einmal eigene Regeln. Ich stelle ein Foto hoch und es wird gelikt (oder nicht), ich schreibe etwas im Forum, das vielleicht kommentiert wird, oder schreibe einen Artikel und weiß, dass der nächste Beitrag nur einen Klick entfernt liegt. Wer nicht genug Action oder Drama bietet, hat keinen Traffic auf seiner Seite. Traurig genug. Aber man könnte argumentieren, man lasse sich eben auf das Spiel ein. Wer etwas online stellt, damit es der Rest der Welt lesen kann, muss damit rechnen, dass nicht nur positive Kommentare kommen, dass viele ihn falsch verstehen werden, dass viele auch gar kein Interesse haben zu verstehen, sondern den eigenen Beitrag nur als Möglichkeit betrachten, ihre Hobbys auszuleben. Wirklich kritisch wird es aber, wenn ich auch in der realen Welt damit rechnen muss. Wenn Leute sich einmischen, die ich niemals angesprochen habe. Wenn sogar Freunde mit mir reden, als sei ich irgendein Bekannter aus dem Chatroom. »EoD« (End of Discussion, Internet-Slang) heißt es auch in der Kneipe ganz schnell, wenn man es wagt, das Argument des Gesprächspartners noch einmal zu hinterfragen und wünscht, die Diskussion zu vertiefen. Nächstes Thema, neue Sensationen. Der Internet-User ist ein hohes Stimulationspotenzial gewohnt, das er nun auch im Gespräch fordert. Dinge zu vertiefen, wird nicht mehr kultiviert.

Wir wollen nicht die These aufstellen, das Internet sei an allem schuld. Wir haben ja immer noch die Wahl, uns so oder so zu verhalten, in der direkten Kommunikation mit unseren Mitmenschen zum Glück noch mehr als im Internet. Es gibt keine Schranken, Schablonen, Zeichenbegrenzungen und vorgegebenen Wege, denen wir unsere Kommunikation anpassen müssen wie in Facebook, WhatsApp oder Twitter. Dennoch scheinen viele Leute ganz freiwillig die Kommunikationsstrukturen des Internets überall auszuleben. Und damit auch denen überzustülpen, die sich aus Facebook, Instagram und anderen Bewertungsplattformen sowie anonymen Diskussionsforen bewusst fernhalten, weil sie mit der dort gelebten Form der Kommunikation nichts anfangen können.

Im Folgenden geben wir einige Beispiele von destruktiven und verletzenden Verhaltensmustern in der Online- und Offline-Welt. In beiden Welten sehen wir diese als kritisch, aber wenn es uns schon in der Online-Welt nicht gelingt, »gute Kommunikation« zu verbreiten, sollten wir zumindest aufpassen, dass wir sie nicht auch in der Offline-Welt vollkommen aufgeben.

IMMER IM KOMMENTAR-MODUS

Manche Menschen scheinen in einem durchgängig aktivierten Kommentar-Modus zu stecken – anscheinend ohne weitere Überlegungen dazu anzustellen, ob die Kommentare für das Gegenüber hilfreich sind. Das Phänomen ist sicher nicht neu, schon immer gab es Menschen, die zu allem eine Meinung haben. Aber durch das Internet wird das ständige Kommentieren gefördert und gefordert, Brigitte online fragt die Leser nach Zustimmung oder Ablehnung zu Artikeln, YouTube fragt nach Likes und Dislikes. Web 2.0 nannte sich diese Entwicklung: die soziale Komponente des Internets. Personen sind miteinander vernetzt, verbreiten und kommentieren Nachrichten – jeder ist Sender und Empfänger gleichzeitig. Was einerseits die größte Errungenschaft des Internets ist – jedem eine Stimme zu geben –, hat gleichzeitig eine völlig neue Dynamik losgetreten. Kaum ein Blog, kaum eine Website, kaum ein Nachrichtenportal, das ohne Kommentarfunktion daherkommt. Seitenübergreifende Kommentar-Accounts ermöglichen das reibungslose Kommentieren auf einer Vielzahl von Websites. Kommentar eingetippt – und raus damit. Einfacher geht es nicht.

Die Kommentarfunktion ist zweifellos eine der beliebtesten im Internet – und wurde so rege genutzt, dass die Mehrzahl der großen Nachrichtenportale sie entweder auf bestimmte Themengebiete beschränkt oder direkt ganz abgeschaltet hat. Die neuesten Gerüchte rund um den Trainerwechsel beim FC Bayern dürfen gerne kommentiert werden, kontroversere Themen besser nicht. Die Begründung der Portale: Der Moderationsaufwand ist schlicht zu hoch – jeder Kommentar muss einzeln geprüft und gegebenenfalls gelöscht werden, wenn er beispielsweise Schmähkritik oder Rassismus enthält. Und weil dies so oft vorkommt, deaktiviert man die Kommentarfunktion lieber gleich ganz – auch wenn damit sachlichen Kommentatoren ebenfalls die Möglichkeit genommen wird, sich mitzuteilen.

Als Folge rufen viele Nutzer zum Boykott dieser Seiten auf: »Zensur« oder »Einschränkung der Meinungsfreiheit« sind die Argumente, als hätte jeder selbstverständlich und überall das Recht, alles kommentieren zu können. Jeder hat eine Meinung – und sollte sie jederzeit mitteilen können, lautet das Dogma. Auf den ersten Blick vielleicht eine gute Sache, aber wie üblich schlummern die Gefahren in den nicht direkt ersichtlichen Seiteneffekten: Wer zu allem eine Meinung hat und es gewohnt ist, diese zu kommunizieren, für den spielt es keine Rolle, ob er ein beliebiges YouTube-Video oder den neuen Haarschnitt der eigenen Freundin beurteilt (mehr zu den zugrunde liegenden Mechanismen später).

»Freigegeben zum (Ab-)Schuss« lautet das Motto – alles wird kommentiert, Daumen hoch, Daumen runter, niederschmetternde Kritiken – wer sich ins Internet begibt, muss ein dickes Fell haben. Aber auch offline ist man nicht mehr sicher, der ungebremste Drang des Kommentierens und Bewertens findet sich überall. Ungefragt setzen unsere Mitmenschen ihr Like – oder Dislike.

Besuch in unserer neuen Wohnung. Der Kommentar zum Balkon: »Leute, das ist aber karg hier! Ihr habt ja nicht mal Kräuter gepflanzt.«

Ja, danke für die Anregung (mal abgesehen davon, dass neben den Geranien auch schon Kräuter wachsen).

> *Auf einer Party. Eine Freundin erzählt mir, dass sie sich mit einer weiteren Freundin über meinen Freund ausgetauscht hat und beide finden ihn gut und sind »einverstanden« mit meiner Wahl. Danke, schön, dass ich auch euren Segen habe.*

Kritisch genug, dass sie über meinen Freund reden, als wäre es ein Objekt, das ich im Schlussverkauf ergattert habe. Aber hinzu kommt noch, dass sie es vollkommen selbstverständlich berichten. Sie denken überhaupt nicht darüber nach, ob ihnen das zusteht, oder sie gehen sogar davon aus: Ich finde es gut, dass sie darüber reden, und will ihre Meinung dazu hören.

Natürlich soll man offen für die Meinung anderer sein – aber müssen die so bewertend und definitiv ausfallen? Vielleicht ist das auch eine Konsequenz des im Internet überall gegenwärtigen Kommentierens und Bewertens? Vergessen die Leute, dass sie mit einem Menschen sprechen?

Unglücksregel 1:
Gefällt dir die Nase eines anderen nicht? Immer raus damit – jeder Kommentar ist wertvoll. Wenn es für dich interessant ist, interessiert es sicher auch alle anderen. Nimm dabei keine falsche Rücksicht auf Diskretion – Diskretion ist der Feind der Erkenntnis!

Die ungesunde Offenheit, die das Internet zelebriert, zeigt sich nicht nur in sehr direkten Kommentaren, sondern auch in verletzenden Fragen. Fragen, die eine eigentlich selbstverständliche Diskretion schlicht ignorieren: Auch zu intimsten Dingen aus der Privatsphäre werden hemmungslos Fragen gestellt, als handele es sich dabei um die Frage, was man zum Frühstück gegessen habe. So wurde die amerikanische Schriftstellerin Emily Bingham beispielsweise wiederholt und in für sie verletzender Form nach ihrem Kinderwunsch befragt. Als Reaktion startete sie die Aktion #STOPASKING[45], die Bingham folgendermaßen zusammenfasst: »Wenn jemand euch in etwas so Privates wie die Familienplanung einweihen möchte, wird er es euch wissen lassen.« Eine spezielle Aktion zu einem speziellen Thema – auf die inflationäre Verwendung von Twitter-Hashtags wollen wir an dieser Stelle nicht eingehen. Aber die Aktion zeigt, dass es ein Bedürfnis nach mehr Sensibilität und natürlichen Schranken gibt, damit nicht jedes Thema als für jeden ansprechbar gilt und nicht jede Frage und jeder Kommentar erlaubt ist.

Unglücksregel 2:
Es gibt keine dummen Fragen – nur Feiglinge, die nicht antworten wollen. Warum habt ihr eigentlich keine Kinder? Welche Geschlechtskrankheiten hattest du eigentlich schon? Hast du mal bei der Steuererklärung geflunkert? Wie hoch ist überhaupt dein Gehalt? Frage am besten so, dass Unbeteiligte die Frage mitbekommen – es ist effizienter, wenn nicht jeder gesondert fragen muss!

»I DID IT FOR THE LULZ«

»Lulz«: was sich liest wie ein Schreibfehler, ist Internetjargon und steht für den Plural von »lol« (Laughing Out Loud), also der in Chats gebräuchlichen Abkürzung dafür, dass man gerade lacht oder amüsiert ist. Lulz hat sich jedoch weiterentwickelt und steht für die Maxime des Spaßes, mit der man jede (wirk-

45 Bericht in Grazia, (2015), 42. S. 72.

lich jede) Aktion rechtfertigen kann mit der Begründung, man habe es ja für den Spaß getan (»for the lulz«).

Das Urban Dictionary[46] ergänzt passend dazu, dass Lulz eine gute Begründung für alles sei – von Trollen bis Vergewaltigung. Nach jeder Handlung müsse man den zweifelhaften Disclaimer posten: »I did it for the lulz.«

Spaß als Freifahrtschein für asoziales Verhalten – im Internet leider nicht ungewöhnlich. Eine beliebte Beschäftigung ist es beispielsweise, Leute dazu zu bringen, ihre Zeit zu verschwenden, indem man sie in Diskussionen verstrickt, dabei unglaublich dumme Kommentare macht und damit Antworten provoziert.

Personen, die so handeln, werden von anderen im Netzjargon »Troll« genannt. Der Begriff des Internet-Trolls wird für verschiedene Arten destruktiven Verhaltens verwendet: von bewusst bösartiger Hetze bis zu rein der Provokation dienender Späße. Wir fokussieren uns bei unseren Betrachtungen auf Letzteres. Trolle dieser Art sehen ihr Tun fast als eine Kunstform. Die Königsklasse: Mit einem einzigen provokativen Kommentar eine Debatte unter anderen Forennutzern lostreten, die sich in der Folge aneinander abarbeiten, ohne zu merken, dass sie von einem Troll manipuliert wurden.

Ein Extrembeispiel eines Trolls ist der Frührentner Uwe Ostertag, der seine gesamte Freizeit damit verbringt, Troll-Kommentare in verschiedenen Foren zu platzieren und damit zu provozieren[47]. Er erklärt auch, wo seine Motivation liegt: Es ist das Gefühl des Triumphs, wenn ihm möglichst viele Menschen auf den Leim gegangen sind. Die Reaktionen auf seine Trollerei sammelt Ostertag wie Trophäen in Form von Screenshots. Provozieren und

---

46 http://de.urbandictionary.com/define.php?term=lulz

47 Ich bin der Troll. Frankfurter Allgemeine Zeitung, 08.09.2014. http://www.faz.net/aktuell/feuilleton/medien/hass-im-netz-ich-bin-der-troll-13139203.html

sich daran erfreuen, wie effektiv die Manipulation bei anderen Menschen anschlägt, die sich berechenbar darüber aufregen und Gegenkommentare verfassen. Ein einfaches Rezept, sich über andere zu erheben und damit seinem Ego zu schmeicheln (siehe Abbildung).

Das Trollface – Trolle möchten Krawall stiften oder auf Kosten anderer Spaß haben. Das Trollface wird gelegentlich als Signatur verwendet und bedeutet »du wurdest getrollt!« (Quelle: https://commons.wikimedia.org/wiki/File:Trollface.svg.png)

Leider haben es diese Verhaltensweisen mehr und mehr in die reale Welt geschafft. Trolle sind ja eben nicht nur online unterwegs – was läge für sie näher, als die eingeübten Provokationstechniken auch beim gemütlichen Beisammensein mit Freunden anzuwenden.

Gemütliches Feierabendbier im Ratskeller. Karl spricht ein aktuelles Thema an: »Also ich würde meine Kinder auch nicht impfen lassen. Man weiß doch, dass das Immunsystem trainiert werden muss, sonst ist man später häufiger krank!« – Eine heftige Diskussion entsteht. »Das Kind von Britta ist auch nicht geimpft, und dem geht es gut!« – »Herdenimmunität ist eine Lüge!« – »Die Pharmalobby finanziert gefälschte Impfstoff-Studien!«

Sachlichkeit – Fehlanzeige. Nach einer Stunde hat Karl offensichtlich genug: »Ach Leute, ich bin doch Naturwissenschaftler und natürlich auch für das Impfen. Seid doch nicht so leichtgläubig! Aber süß, wie ihr euch aufregt!«

Was für sie selbst ein großer Spaß ist, ist für andere destruktiv. Natürlich ist gegen gelegentliche Späße nichts einzuwenden. Aber möchte man wirklich mit Menschen diskutieren, die einem am Ende einer hitzigen Diskussion offenbaren, dass ja alles nur ein Spaß, nicht ernst gemeint – eben Trollerei – war? Überraschung, ich bin gar nicht für Kernkraft! Überraschung, eigentlich habe ich gar keine Meinung zum Burka-Verbot! Überraschung, du wurdest getrollt! Diskussionen werden so schon im Keim erstickt, da man sich nie sicher sein kann, wer tatsächlich welche Position vertritt. Wer gerne gehaltlose Gespräche führt und seine Abende mit dem Austausch von kleinen Witzchen füllt, hat damit kein Problem. Alle anderen aber schon.

Insbesondere, weil das Verhalten sich nicht auf Personen beschränkt, die sich das Online-Trollen als Hauptaufgabe gesetzt haben. Auch eigentlich aufrichtige Personen, die gewöhnlich keine Späße auf Kosten anderer machen, sehen manchmal Gelegenheit zur Trollerei und geben dann Kommentare ab, die sie sich von den Trollen abgeschaut haben. Lernen durch Beobachten – Gelegenheit macht Trolle.

Unglücksregel 3:
Spaß ist das Elixier des Lebens! Mache möglichst provokative Aussagen und erfreue dich daran, wie deine Mitmenschen versuchen, sie sachlich zu widerlegen. Wenn sie nach mühevoller Argumentation glauben, den Sieg in der Diskussion davongetragen zu haben, gib ihnen den Rest: »Ha ha, reingefallen! War gar nicht so gemeint!« – Maximaler Spaß, minimaler Einsatz.

Menschen in den sozialen Netzen hemmungslos bewerten und kommentieren, desto eher hat man auch bei nichtdigitalen Treffen solche Personen um sich, und am Ende merkt man nicht einmal, dass der Umgangston rauer und herablassender geworden ist. Logisches Resultat eines schleichenden Prozesses.

Unglücksregel 4:
Jeder hat eine Bewertungsschablone, also nutze sie! Keine falsche Rücksichtnahme auf Befindlichkeiten! Die Frau trägt ein hässliches Kleid? Punktabzug! Der Typ ist total unsportlich? Punktabzug! Der Neue aus der Clique weiß Bewertungen von Menschen nicht zu schätzen? Punktabzug!

DAS INTERNET ALS EINLADUNG ZUM HASSEN

Kommentieren, sich über andere lustig machen, von oben herab urteilen. Die nächste Eskalationsstufe ist der Hass – und das Internet ist leider voll davon.

Die Autorin und Dramaturgin Friederike Trudzinski[49] stellt fest: »Das Internet öffnet einen Raum für Hass und eine ganz neue Form der Gewalt.« Attacken auf das Aussehen von Frauen, hasserfüllte Kommentare zu Fotos in sozialen Netzwerken, »offenbar verstehen Tausende Internettrolls jedes hochgeladene Bild als Einladung zum Hassen«.

Hassen wird zum Hobby. Troll-Sein wird zum Trend. Anderen etwas zu zerstören, wird zum Wert an sich. Das Internet macht es einem aber auch verflucht einfach, mitzumachen und (vermeintlich) gute Rechtfertigungsgründe dafür zu finden.

---

49 Bericht in Grazia, (2015), 42, S. 64–65.

So geriet beispielsweise das ZDF ins Visier der Internetwächter. In einer Ausgabe der Kindernachrichtensendung *logo!* wurde versucht, Kindern die Ursachen des Terrors in Paris im Jahr 2015 zu erklären. Der Film suggerierte, dass die Franzosen eine Mitschuld trügen und den Anschlag provoziert hätten. Die Netz-User waren empört und antworteten internetgemäß per Shitstorm. Nach einer Welle der scharfen Kritik wurde die Sendung aus der Mediathek entfernt.

Ein Jahr zuvor geriet der Moderator Markus Lanz ins Fadenkreuz. In seiner Sendung war Sahra Wagenknecht von der Partei *Die Linke* zu Gast und lieferte sich ein Rededuell, das Wagenknecht später mit den Worten zusammenfasste, es sei »sicher keine Sternstunde der Streitkultur gewesen«. Medien schrieben schon etwas deutlicher vom »gespenstischen Szenario«, in dem Lanz mit »Verbalattacken« versuchte, Wagenknecht als »Alt-Stalinistin« zu enttarnen[50]. Für die Zuschauer, die online kommentieren, gelten aber jene für Politiker und klassische Medien geltenden Regeln nicht: Und so ließen sie ihrer Wut auf den Moderator freien Lauf. Prompt wurde die (natürlich Online-)Petition »Raus mit Markus Lanz aus meiner Rundfunkgebühr!« gestartet, die am Ende von 233 355 Personen gezeichnet wurde[51].

Die Initiatorin der Petition, die Betriebswirtin Maren Müller, hat im Laufe des Shitstorms gegen Lanz ihre Initiative bereut – sie hatte nicht geahnt, was sie da losgetreten hat. Sie hatte die Dynamik des Netzes schlicht unterschätzt.

Neben diesen Beispielen, wo der Hass leichtfertig entfesselt wird, gibt es aber auch solche, wo gezielt mit Hass gearbeitet

50 http://www.stuttgarter-zeitung.de/inhalt.petition-gegen-markus-lanz-im-netz-bricht-ein-shitstorm-los.14930640-5074-4857-8369-9f886e67a02c.html

51 https://www.openpetition.de/petition/online/raus-mit-markus-lanz-aus-meiner-rundfunkgebuehr

wird. So zum Beispiel im Kampf der Geschlechter, wo es teilweise besonders hart und hasserfüllt zugeht.

#EndFathersDay fordert die eine Seite. #FeministsAreUgly antwortet die andere. #KillAllMen lautet die Parole. Wo Hass regiert, braucht man keine Argumente. Folgt man diesen Tweets, entsteht der Eindruck, die westliche Gesellschaft befände sich im Bürgerkrieg, so hart ist teilweise der Ton.

Dies ist das Dilemma mit der Meinungsfreiheit. Jeder soll seine Meinung sagen dürfen, online genauso wie offline. Das Problem hierbei ist, dass es vielen gar nicht mehr um ihre Meinung geht – sie haben vielleicht gar keine Meinung. Manchmal geht es ihnen nur darum, irgendetwas zu vertreten oder sich einen Spaß zu machen. Oder darum, sich über andere zu erheben, sich als etwas Besseres zu fühlen. Glaubt wirklich jemand daran, dass man mit Hashtags wie »Tötet alle Männer« irgendjemanden von seiner Position überzeugt oder solche Aktionen zu mehr Fairness und Verständnis zwischen den Geschlechtern führen?

Das Internet spielt hier abermals die Rolle des Katalysators. Gruppen finden sich, homogenisieren sich in ihrer Filter-Bubble, schalten sich gleich und übertrumpfen sich anschließend mit immer extremeren Kommentaren, bis die Grenze zum Hass erreicht und überschritten wird.

Unglücksregel 5:
Das Internet ist ein kalter Ort voller Menschen, die unsinnige Meinungen vertreten. Dass sich da Hass aufstaut, ist nur menschlich. Lass andere an deinem Hass teilhaben – sie sind schließlich Schuld an seiner Existenz!

OFFLINE OK, ONLINE EIN PROBLEM!

Das Ganze noch mal andersrum: Offline sind manche Verhaltensweisen gar nicht so dramatisch, aber online wurden sie zum Problem. Weil dann gefühlt die ganze Welt davon erfährt, sich ihre Gedanken macht und kommentiert. Die Frage ist gar nicht so sehr, was real dahintersteckt, sondern wie sieht das denn auf Facebook aus? Was sollen die anderen denken? Unterschätzt man diesen Aspekt, läuft man schnell Gefahr, dass eine Geschichte außer Kontrolle gerät und man sich vor negativer Kritik nicht mehr retten kann. Nach dem Shitstorm ist vor dem Shitstorm – und jeden kann es als Nächsten treffen, wie man fast tagtäglich in den Medien miterleben kann.

Wie sieht das denn auf Facebook aus?
Klassentreffen, zehn Jahre Abi, alle sind sie wieder dabei. Auch Anne und Klaus, die in der Mittelstufe mal ein Paar waren, sich jahrelang nicht gesehen und viel zu erzählen haben. Auf den Fotos danach in der Facebook-Gruppe ist das alles gut zu sehen, die vertrauten Gespräche und das Begrüßungsküsschen. Auch für Lisa, die aktuelle Freundin von Klaus. Jetzt gibt es aber Ärger: »Ich kann ja verstehen, dass ihr euch viel zu erzählen habt. Aber müsst ihr das so machen, dass es alle mitbekommen? Auf den Fotos seid ihr ständig zusammen drauf. Das sieht ja aus, als hättet ihr noch was miteinander! Alle sehen das jetzt. Wie stehe ich denn da? Wie konntest du nur?«

Im wahren Leben gibt es einen Grundsatz, der sich »Vertraulichkeit des Wortes« nennt. Dieser besagt, dass Dinge, die vertraulich gesagt wurden, zum Beispiel unter vier Augen, nicht aufgezeichnet und weiterverbreitet werden dürfen. Man darf ohne Einverständnis also keine Tonträgeraufnahmen erstellen und schon gar nicht die Inhalte weitergeben. Die Idee dahinter ist, dass Meinungsäußerungen, die nicht für die Öffentlichkeit bestimmt sind, auch nicht an die Öffentlichkeit gelangen sollen. Gäbe es solch eine Übereinkunft nicht, müsste man ständig damit rechnen, überwacht und aufgezeichnet zu werden. Und alles, was man sagt, könnte jederzeit gegen einen verwendet werden. Offensichtlich keine schöne Vision. Ein Szenario, das so ein Gesellschaftsleben skizziert, nennt man »Dystopie« – in der digitalen Welt nennt man es »Alltag«.

Es ist schlicht nicht möglich, diskrete Informationen zu übermitteln. Jede Privatnachricht kann in der Facebook-Timeline landen, kann getwittert werden. Auf diskrete E-Mails wird geantwortet und Kopien der Mail werden an weitere Personen geschickt, die natürlich den Nachrichtenverlauf sehen können, der für sie nie bestimmt war. Vielleicht geschieht dies aus Unachtsamkeit, vielleicht mit Hintergedanken, aber der Effekt ist der gleiche: Wir haben die Verbreitung unserer eigenen Nachrichten ab dem Moment des Drückens auf die Enter-Taste nicht mehr unter Kontrolle.

Eine dezidierte Überwachung und Aufzeichnung ist hierbei gar nicht notwendig. Es braucht keine Wanze im Telefon. Es wird ohnehin alles gespeichert, vollautomatisch und ohne Extraaufwand. Und was gespeichert ist, kann weiterverarbeitet werden.

»Das Internet vergisst nichts«, lautet eine Nerd-Weisheit. Damit ist gemeint, dass Informationen, die einmal ins Internet gelangt sind, nie wieder daraus entfernt werden können. Ganze Websites werden automatisch archiviert, Nutzer legen private Kopien von Videos an, erstellen Screenshots und posten vieles auf anderen Seiten, die abermals gesichert werden. Das Internet wurde als Kommunikationsmedium mit robuster Struktur konstruiert – und dies gilt offensichtlich auch für die Inhalte. Es gibt keinen Radiergummi für Gesendetes. Es kann keinen geben.

Es gibt durchaus Versuche, eine Art Vertraulichkeit des Wortes – des Geposteten – in die digitale Welt zu übertragen. Apps wie Snapchat oder Burn Note sorgen dafür, dass sich empfangene Nachrichten in bester Agentenmanier kurz nach dem Lesen selbst zerstören. So können auch sehr private Bilder oder heikle Nachrichten versandt werden, ohne dass man Angst haben müsste, diese würden sich unkontrolliert verbreiten. So zumindest die Theorie. Praktisch sieht es allerdings so aus, dass es dermaßen viele Wege gibt, die Nachrichten und Bilder doch – gegen den Willen des Absenders – zu speichern, dass wir hier gar nicht alle aufzählen können. Das beginnt mit der Erstellung von Screenshots, geht über das Kopieren der Nachrichten auf Dateisystemebene bis hin zum primitiven Abfotografieren des Displays. Kontrolle unmöglich.

Im Gegenteil haben solche Versuche negative Auswirkungen: Wähnt sich der Absender in Sicherheit, dass alles Gesagte und Gezeigte vertraulich bleibt, handelt er leichtfertiger. Statt Vorsicht walten zu lassen und das eine oder andere Nacktbild eben nicht zu verschicken, werden fleißig Bilder geteilt im Glauben, sie seien ja nur für Sekunden zu betrachten. Das Erwachen kommt dann später, wenn die Bilder im Freundeskreis kursieren. Auf diese Art sind vermutlich schon unzählige Hobby-Agenten enttäuscht worden.

Warum handeln viele Menschen so leichtfertig? Jugendlicher Leichtsinn oder geringe Technik-Affinität fallen einem schnell ein, sind aber keine hinreichenden Erklärungen. Denn in eine der vielen Fallen, die die digitale Welt uns stellt, können wir alle tappen. Begünstigt wird dies dadurch, wie wir Menschen ganz generell lernen und handeln. Fahren wir beispielsweise in ein fernes Land, merken wir schnell, dass dort eine andere Sprache gesprochen wird und andere Regeln gelten.

Wir passen uns automatisch an – meistens bereits im Vorfeld, da wir uns dessen bewusst sind. In der digitalen Kommunikation allerdings nicht. Dort ähnelt sehr vieles der realen Welt, der Übergang ist indessen subtiler und fließender: die gleiche Sprache, die gleichen Gesprächspartner, die gleichen Themen – allerdings nicht die gleichen Regeln. Sage ich einen vertraulichen Satz jemandem ins Ohr, so ist seine Wirkung relativ begrenzt und überschaubar. Im Internet hat der gleiche Satz möglicherweise Shitstorm-Potenzial.

Den zugrundeliegenden Mechanismus, der dafür sorgt, dass wir die unterschiedlichen Regelwerke von digitaler und realer Welt gerne vermengen oder ignorieren, wollen wir nachfolgend näher betrachten.

PSYCHOLOGISCHER MECHANISMUS

»Online-Welt« – »Offline-Welt«, »Real-Life« – »Virtual-Life«, das sind künstliche Kategorien, die mit der Realität nur bedingt etwas zu tun haben. Stehe ich an der Bushaltestelle und bin mit meinem Smartphone in Facebook unterwegs, bin ich selbstverständlich in beiden Welten gleichzeitig. Unser reales Selbst – unseren Körper und Geist – können wir (glücklicherweise) nie ganz hinter uns lassen.

Das bedeutet aber auch, dass alles, was wir virtuell erfahren und erleben, auch unser Verhalten und Erleben in der nichtdigitalen Welt beeinflusst. Unser Körper und unser Geist machen keinen Unterschied, wo etwas gelernt wurde – bin ich mit einem Verhalten erfolgreich oder bekomme ich positive Rückmeldung, in welcher Form auch immer, dann lerne ich diesen Zusammenhang. Dies ist ein Grundprinzip des Lernens – und es funktioniert auf verschiedenen Ebenen: sowohl auf motorischer Ebene als auch auf kognitiver und Verhaltensebene. So sind Computerspieler häufig die besseren Autofahrer, da sie ihre Reflexe trainiert haben und somit kürzere Reaktionszeiten in kritischen Situationen zeigen. Andererseits gibt es auch Auswirkungen, die auf die häufige Beschäftigung mit sogenannten Ego-Shootern (»Killerspiele«) zurückgehen: Kinder, die sie häufig spielen, zeigen später eine erhöhte Gewaltbereitschaft (umgekehrt gilt das nicht).

Da ist es nur naheliegend anzunehmen, dass auch die in diesem Kapitel beschriebenen Verhaltensweisen von der Online- in die Offline-Welt diffundieren. Wer online verletzend kommentiert, tut das mit erhöhter Wahrscheinlichkeit auch offline. Wer online distanzlos fragt, fragt auch Face-to-Face ohne Rücksicht auf Diskretion. Wer online gerne trollt, hat auch in der Kneipe Spaß daran.

Das Internet und die gesamte digitale Durchdringung unseres Lebens wirken auf verschiedene Weise als Verstärker für die Verhaltensweisen:

Anonymität

Wer sich im Internet bewegt, ist genaugenommen »pseudonym« unterwegs: Dem ersten Anschein nach kann man sich zwar Fantasienamen geben oder vollkommen anonym auftreten, allerdings hinterlässt jeder Nutzer eine digitale Spur, über die er mit hinreichendem Aufwand vermutlich identifizierbar ist (über Tracking-Cookies, IP-Adresse und Ähnliches). Für unsere Betrachtung soll das aber keine Rolle spielen. Der Nutzer fühlt sich anonym, und nur darauf kommt es an. Er kann nach Lust und Laune surfen, chatten, konsumieren – aber eben auch kommentieren, bewerten, trollen, beschimpfen. Alles, ohne sich der Gefahr eines Gegenangriffs auszusetzen. Man bestimmt die Regeln der Auseinandersetzung ganz einfach so, wie man möchte. Möchte man fair diskutieren, geht das genauso leicht wie ein Angriff eines Heckenschützen. Hit and Run.

Wir alle kennen das Phänomen aus anderen Kontexten. Auch eigentlich ruhige Menschen verwandeln sich am Steuer ihres Autos gelegentlich in aggressive Zeitgenossen und werfen schon mal mit Beschimpfungen um sich. Es ist das gleiche Prinzip: Das Auto ist der persönliche Schutzraum. Hier ist man selbst der Chef und agiert entsprechend enthemmter. Die Distanz zu den anderen Verkehrsteilnehmern tut ihr Übriges – man sieht die Fahrer nicht immer genau und wird auch selbst nicht immer genau gesehen. Im Internet ist dieser Effekt noch extremer, sind die Distanz und die gefühlte Anonymität noch größer.

Bedürfnis nach Stimulation (Sensation Seeking)

Das Internet ist eine Quelle der Unterhaltung, die niemals versiegt. Es gibt mehr Nachrichten, mehr Videos, mehr Angebote, mehr Unterhaltung, als man jemals konsumieren könnte – und es kommt täglich Nachschub hinzu. Ein Paradies für »Sensation Seeker« – Menschen, die stets auf der Suche nach Stimulation sind. Dieses Überangebot führt aber unausweichlich zu einer Abstumpfung: Wer schon tausend lustige Katzenvideos gesehen hat, braucht immer extremere Varianten davon, um noch eine Genugtuung aus ihnen ziehen zu können. Und genauso, wie die Videos extremer werden und die Grenzen immer weiter verschieben – Fassadenkletterer filmen sich beim Herumklettern auf dem Shanghai Tower in 650 Metern Höhe –, werden auch die Kommentare extremer, die Bewertungen härter.

Die Dynamik der Masse

Die größte Stärke des Internets – jeder ist Sender und Empfänger – ist abermals Ursache für eine negative Dynamik: Wenn jeder mit Likes und Anerkennung belohnt wird, wenn er etwas besonders Beeindruckendes oder Lustiges gepostet hat, führt dies unausweichlich zu einem Überbietungswettkampf. Jeder will der Lustigste sein, die schönsten Fotos hochladen, die kompetentesten Kommentare schreiben, die krassesten Erlebnisse berichten. Normalität, das Gewöhnliche, geht in der Masse unter und erzeugt keine Resonanz. Also muss alles ins Extreme getrieben werden – und das wird es auch.

Was passiert nun mit uns, wenn wir einen großen Teil unseres Lebens in so einem Umfeld verbringen? In dem nur Extreme wertgeschätzt werden und in dem wir lernen, selbst extrem zu werden? Wir passen uns an, kommentieren in schärferem Ton, bewerten alles, was uns vor die Maus kommt – so wie die anderen Nutzer es eben vor(und nach-)machen. Wir werden Schritt für Schritt extremer und distanzloser, unterstützt durch das Verhalten der anderen Nutzer und im Schutz der Anonymität. Aber zu denken, wir könnten diese gelernten Verhaltensweisen in der Online-Welt zurücklassen und abschalten wie das Tablet nach der Facebook-Session, ist ein großer Irrtum. Unser Gehirn kennt diese Unterscheidung nicht. Gelernt ist gelernt – und damit der Weg frei für die Trolle in der Offline-Welt.

DIE ZUKUNFT UNSERER OFFLINE-WELT

Wie eine Zukunft aussehen könnte, in der hemmungslos Gewohnheiten aus der Online-Welt in der Offline-Welt übertragen werden, stellt die Unterhaltungsplattform BuzzFeed satirisch dar[52]. In einem kurzen Videoclip zeigen sie charakteristische Verhaltensweisen, die offline verstörend wirken, online aber ganz normal sind: Vom öffentlichen Liken (Daumen hoch für die schön bewachsene Hauswand – »Flower-Like!«) über exzessi-

52 http://www.buzzfeed.com/bobbymiller/things-you-do-online-thatd-be-creepy-in-real-life

ves Teilen von profanen Dingen (die Kollegin unentwegt mit Haustierbildern nerven – »Look at my dog! Look at my dog!«) bis hin zum Dasein als Follower (Personen auf der Straße ansprechen und ihnen folgen – »I really like your style! I think I'll follow you!«) werden zahlreiche Angewohnheiten abgedeckt.

Der Beitrag von BuzzFeed, obwohl satirisch überspitzt, zeigt, bis in welche Winkel unser Verhalten allein von den Möglichkeiten und der Gestaltung von Technik beeinflusst wird. Die gegenseitige Beeinflussung von Online- und Offline-Welt ist sehr nachhaltig, und daraus erwachsen sogar Konsequenzen für die Spezies Mensch.

TECHNIK SCHAFFT EINE NEUE SPEZIES

Denken, Fühlen und Handeln des Homo technologicus

»Smombie« ist das Jugendwort des Jahres 2015. Die Wortschöpfung aus Smartphone + Zombie beschreibt die vollständige Verschmelzung von Mensch und Technik. Für Smombies hat sich die Welt auf die Größe eines Handydisplays reduziert. Egal wo sie stehen und gehen, nichts dringt mehr zu ihnen durch. Kein Straßenverkehr, keine Gefahren, keine Menschen, keine Natur, keine Glücksmomente. Aber so ist es eben heute. Und genau das hat die Jugendwort-Jury überzeugt. Jurorin Ilknur Braun erklärte Smombie zu ihrem absoluten Lieblingswort: »Es beschreibt punktgenau die heutige Selbstverständlichkeit vieler Menschen im Umgang mit dem Smartphone.«

Der Smombie ist dabei nur eine Abart des Homo technologicus, wie auch bereits der Philosoph und Schriftsteller Peter Sloterdijk unsere mehr und mehr von Technik geprägte Spezies bezeichnete.

Technik hat uns verändert, auf vielen Ebenen: Kommunikation, Wahrnehmung, Denken, Handeln und Rituale, Beziehung zu Produkten und Wertmaßstäbe; unser Umgang mit der Zeit, unsere Vorstellungen über unsere Freizeitgestaltung und auch unsere Selbstwahrnehmung haben sich gewandelt. Man könnte sagen, Technik hat eine neue Spezies aus uns gemacht. Wir haben andere Maßstäbe als unsere Vorfahren – und wie die vorherigen Kapitel zeigen, definieren wir auch unser Glück heute ganz anders. Eine Welt ohne Smartphones scheint heute so unvorstellbar, dass man mit Fotos aus dem Alltag ohne Smartphone große Aufmerksamkeit erregen kann, wie die Fotoserie »Removed« des Fotografen Eric Pickersgill[53].

Er hat aus typischen Alltagsszenen die Smartphones entfernt: Eine Familie sitzt am Küchentisch, alle mit gebeugter Kopfhaltung. Ein Paar liegt im Bett, Rücken an Rücken, gekrümmte Handhaltung.

Seine Aufnahmen zeigen – ohne Smartphone scheint vieles sinnlos zu sein. Der Blick geht ins Leere. Ziel seiner Fotoserie ist es, ein Nachdenken über den permanenten Gebrauch von Smartphones anzuregen. Ausgangspunkt für das Projekt war nicht zuletzt seine eigene Geschichte und das übliche Zu-Bett-Geh-Ritual von Eric Pickersgill und seiner Frau Angie. Nach dem Gute-Nacht-Kuss dreht sich das Paar den Rücken zu, die letzten Gedanken und Berührungen des Tages gehören wieder dem Smartphone. Eines Nachts fielen Pickersgill die Augen zu und das Handy aus der Hand. Er erwachte vom Klirren des Handys auf dem Boden und blickte auf seine leere Hand, noch immer in der gekrümmten Smartphone-Pose, wie sie nun auf allen Bildern der Removed-Serie zu sehen ist.

---

53 http://ericpickersgill.com/Removed

Abb. 2: Fotograf Eric Pickersgill und Ehefrau Angie in typischer Pose vor dem Einschlafen (Eric Pickersgill)

Die Eroberung unseres Alltags durch die Technik und damit einhergehend die Veränderung von Ritualen und Normen, Denken und Handeln ist zu einem gewissen Grad natürlich einfach der Lauf der Dinge. Jede Generation hat es mit neuen Herausforderungen, neuen Technologien und entsprechenden Veränderungen zu tun. Manch einer nennt es gesellschaftliche Entwicklung. Aber so rasant wie in den letzten Jahren ging es selten zu. Und bei allen neuen Möglichkeiten und Errungenschaften ist es doch auch Zeit zu beleuchten, ob wir der technikgeprägten Spezies, die wir heute sind, tatsächlich auf allen Feldern Weiterentwicklung attestieren wollen – oder uns an manchen Stellen der Evolution ein paar Schritte zurückwünschen und im Nachhinein vielleicht eine andere Richtung einschlagen würden.

Die folgenden Ausführungen beschreiben unsere Interpretation des Homo technologicus in seiner Extremform. Nicht jeder Leser ist schon auf dieser höchsten, jedoch nicht unbedingt erstrebenswerten Entwicklungsstufe angelangt. Oftmals existieren je nach Bereich unterschiedliche Entwicklungsgrade. Bei dem einen ist es vor allem die Kommunikation, die technikgeprägt ist, bei dem anderen sind es die Maßstäbe an Leistung und Effizienz.

Einige der hier beschriebenen Phänomene sind uns dabei bereits in vorherigen Kapiteln begegnet. Exemplarisch berichten wir außerdem Statements einer Interviewstudie sowie einer Online-Erhebung zur Smartphone-Nutzung, die wir zusammen mit unserer Kollegin Lara Christoforakos an der Ludwig-Maximilians-Universität München durchgeführt haben und die die Effekte der Technik auf unsere Spezies nochmals näher beleuchtet. Wir laden nun also ein, sich selbst und die Mitmenschen einzuordnen und herauszufinden, in welchen Bereichen wir der neuen Spezies schon am nächsten sind.

KOMMUNIKATION

Ein zentrales Merkmal unserer technikgeprägten Spezies auf der Ebene der Kommunikation ist der *Antwort-Reflex*. Klingelt das Telefon, nimmt man den Anruf an. Kommt ein neuer Chat rein, liest man die Nachricht und antwortet. Diese Reaktion ist so selbstverständlich geworden, dass man tatsächlich von reflexartigem Verhalten sprechen kann. So wie Pawlows Hund gelernt hat, auf die Glocke zu reagieren, haben wir gelernt, auf unser Handy zu reagieren. Der Verhaltensforscher Iwan Pawlow konditionierte seine Hunde, mit positiver Erwartung auf einen Glockenton zu reagieren, der immer dann ertönte, wenn es Futter gab. Nach einiger Zeit löste die Glocke allein bei den Hunden die Produktion von Verdauungssekret aus – auch wenn es tatsächlich gar kein Futter gab. Die Hunde waren zum Sklaven der Glocke geworden, ihre Körper reagierten auf einen tatsächlich irrelevanten Reiz. Nun ist ein Handyklingeln natürlich nicht grundsätzlich irrelevant, das Kritische ist die automatisierte Reaktion.

Kaum einer überlegt sich bewusst: will ich jetzt wirklich ans Telefon gehen oder will ich diese E-Mail lesen – ist jetzt ein guter Moment dafür? Bevor wir zu einer bewussten Entscheidung kommen, ist das Telefonat schon angenommen oder die Nachricht schon gelesen. Hierfür scheint es kaum eine Rolle zu spielen, in welcher Situation ich meine Mitmenschen zurücklasse. Ein gemeinsames Frühstück, ein intensives Gespräch, ein Abend aneinandergekuschelt auf dem Sofa – der Moment im Jetzt wird geopfert.

Der Antwortdruck wird bei vielen Technologien noch erhöht, indem der Sender eine Bestätigung bekommt, sobald die Nachricht gelesen wurde. Der andere sieht, ich habe die Nachricht gelesen, jetzt bin ich im Zugzwang. So müssen nicht mehr nur Anrufe, sondern auch Nachrichten jetzt und sofort beantwortet werden. Selbst wenn es sich um recht belanglose und zeitlich unkritische Themen handelt, wie eine WhatsApp-Gruppendiskussion zu den neuen Kandidaten des Dschungelcamps oder die Nachricht einer Freundin: »Jetzt zurück vom Shoppen. War ganz schön voll in der Stadt.« Da fällt es schwer, eine sinnvolle Antwort zu finden. Was soll man dazu schon sagen? Trotzdem wird geantwortet, zumindest ein Smiley muss sein. Einige Smileys gehen immer. Sowieso hinterfragt kaum jemand, welche Art von Kommentar man mit einem spezifischen Smiley abgeben möchte. So scheint es zumindest bei den Nachrichten in unseren WhatsApp-Gruppen, in denen der gleiche Smiley schon fröhliche, traurige oder wütende Nachrichten begleitete.

Entsprechende Beispiele von unfreiwillig komischen Chats kursieren auch im Internet, so die Nachricht einer Mutter an den Sohn: »Oma ist gestorben«, dahinter ein tränenlachender Smiley, von der Mutter fälschlicherweise als trauriger Smiley fehlinterpretiert. Solch feine Unterschiede auf der Bedeutungsebene sind für den Homo technologicus jedoch eher nebensächlich. Zentral bleibt: Hauptsache, man reagiert in irgendeiner Weise auf jede eintrudelnde Nachricht und gibt dem Antwortdruck schnellstmöglich nach. Für den Homo technologicus hat der Sender jeglicher digitalen Kommunikation den Status einer Naturgewalt. Andere »nur« physische anwesende Menschen können warten.

Der Smartphone-Test – das Telefon unbeachtet liegen lassen, obwohl gerade eine Nachricht eingetrudelt ist – wird zur absoluten Herausforderung für die Willenskraft. Man könnte sagen, das ist eine moderne Form des berühmten Marshmallow-Tests, wie ihn der Psychologe Walter Mischel in den Sechzigerjahren mit Kindern durchführte: Kinder bekamen ein Marshmallow vor sich auf den Tisch gelegt – für den Fall, dass sie es schafften, es unangetastet zu lassen, bis der Versuchsleiter in den Raum zurückkehrte, wurde ihnen ein zweites Marshmallow versprochen. Kurz abwarten hätte sich also gelohnt. Vor allem jüngere Kinder sind damit jedoch überfordert, die Anziehungskraft des Objekts vor ihnen übersteigt ihre Willenskraft. So ist es heute auch mit dem Smartphone. Sobald ein Tröten verkündet, dass eine neue Nachricht für mich da ist, fangen die Finger an zu kribbeln, der Körper wird in Aktionsbereitschaft versetzt, jetzt geht es weiter im Leben. Selbst wenn dies unhöflich ist und die Gefühle meiner Mitmenschen verletzt. Es soll sogar Paare geben, die den Liebesakt für das Lesen vermeintlich wichtiger neuer Nachrichten auf dem Smartphone unterbrechen. Auf einen angemessenen Zeitpunkt zu warten, scheint unmöglich.

So erfährt die mit Technik verbundene Kommunikation oft mehr Aufmerksamkeit als die Kommunikation mit direkt anwesenden Personen. Personen, die weit weg sind, haben eine sofortige Reaktion verdient, wer hier direkt neben mir sitzt, kann warten. Natürlich gibt es wichtige Nachrichten, auf die man schnell reagieren sollte, Anfragen, mit denen man den Sender nicht zu lange auf Antwort warten lassen sollte – aber differenzieren wir hier ausreichend? Ist es notwendig, einen Kommentar zum neuen Profilfoto meines Kumpels zu schreiben, während ich gerade mit meinem Partner den Sommerurlaub plane? Wer fühlt sich mehr vor den Kopf gestoßen: mein Gegenüber, dem ich die Rückseite meines Smartphones ins Gesicht halte, oder der Sender ganz woanders, der parallel zum Chat mit mir wahrscheinlich viele andere Dinge tut? In welchen Situationen schenken wir unseren direkten Gesprächspartnern noch ungeteilte Aufmerksamkeit?

Das Thema Kommunikation nahm auch in unserer Interviewstudie größeren Raum ein. Eines der Ergebnisse: Die Einschnitte in die direkte Kommunikation werden von allen Studienteilnehmern als gravierend erlebt. Extrem störend ist beispielsweise die allseits bekannte Szene, dass man gemeinsam am Tisch sitzt und eine Person anfängt zu chatten, für die anderen ist dies eine Entwertung ihrer eigenen Person, besonders exemplarisch sind hierzu die Statements der Teilnehmer Klaus und Petra. »Ich reiche dem Menschen in dem Moment nicht aus!«, sagt Klaus dazu. Auch Petra fühlt sich in solchen Momenten vom direkten Gesprächspartner »nicht wertgeschätzt«. Das Chatten parallel zum direkten Gespräch empfindet sie als noch störender als ein Telefonat, »weil man suggeriert, dass beides gemacht wird – im Gespräch sein und Chatten«. Tatsächlich ist das aber nicht der Fall. Sie beschreibt, wie die Gesprächsqualität darunter leidet: »Gedankenstränge werden nicht wirklich weiterentwickelt und durch Impulse von außen unterbrochen. Es ist wie ein roter Faden, der immer wieder reißt.« Ein Ausweg scheint nur, das Smartphone tatsächlich vom Esstisch zu verbannen. Hat man eine eingehende Chatnachricht einmal gelesen, ist man im Dilemma – entweder man vernachlässigt die Mitmenschen im Hier und Jetzt, oder der Chatpartner ist beleidigt: »Wenn jemand nicht geantwortet hat, obwohl die Nachricht gesehen wurde, merke ich, dass es der Person nicht so wichtig ist«, sagt Klaus. Gleichzeitig sieht er die Schattenseiten des Antwortdrucks, welcher durch die Empfangsbestätigung erzeugt wird. Es kommt häufig zu unüberlegten Entscheidungen und Aussagen, die man später bereut. Seiner Meinung nach zerstören die blauen WhatsApp-Haken den Raum für »Kopfkissenfragen« – also Fragen, über die man lieber erst mal eine Nacht schlafen sollte.

DENKEN UND WAHRNEHMUNG

Auch auf der Ebene von Denken und Wahrnehmung hat die Technik unsere Spezies geprägt. Zwar geht es in diesem Buch primär um die emotionale und weniger um die kognitive Ebene – dennoch lohnt ein kleiner Ausflug in die Forschung zu den Effekten von Technik auf unsere Wahrnehmung allgemein, da sie gut verdeutlicht, wie sich die Relevanz einst zentraler Kompetenzen für unsere Spezies verschiebt, was letztlich auch auf der Erlebnisebene wieder zu Veränderungen führt.

Eine der grundlegendsten Veränderungen für unser Gehirn begann mit der Einführung des Internets als kollektiv nutzbarer, externer Gedächtnisspeicher. Es ist nicht mehr wichtig, eine Wegstrecke genau im Kopf zu haben oder sich an Dinge genau erinnern zu können. Wenn man eine Information braucht, googelt man eben. Auch persönliche Informationen, Telefonnummern, Geburtstage, all das muss unser Gehirn nicht mehr belasten, denn unser Smartphone weiß es ja. Viele Menschen kennen heute die eigene Telefonnummer nicht mehr auswendig, können aber die Festnetznummer aus der Kindheit bestens erinnern. Dieser als digitale Amnesie bezeichnete Effekt ist an sich nicht weiter verwunderlich, unser Gehirn arbeitet eben effizient und merkt sich nur das, was es auch selbstständig wieder abrufen muss. Praktisch und nützlich einerseits, aber auch hier bekommen wir es je nach Art der Information wieder mit Verlusten auf der Glücksebene zu tun. Informationen, die es nicht mehr wert sind, im eigenen Gehirn gespeichert zu werden, werden damit weniger bedeutsam. So hängen Geburtstagsglückwünsche heute oftmals an der Mitgliedschaft in sozialen Netzwerken. Wer auf Facebook, Xing oder Skype aktiv ist, dessen Kontakte werden an den Geburtstag erinnert und man erhält dementsprechend Glückwünsche. Sicherlich weit mehr Glückwünsche als früher, als Gratulanten noch aus eigener Initiative und Erinnerungsleistung zum Hörer griffen. Aber ist die Freude noch die gleiche? Wie ist es zu bewerten, dass mir berufliche Kontakte, die ich vor Jahren mal auf einer Konferenz gesehen habe, die allerbesten Wünsche senden, aber die Glückwünsche von Bekannten, die ich jede Woche sehe, ausbleiben, weil ich eben nicht auf Facebook bin? Und wie bewerten wir die Abhängigkeit von der Technik, mit relevanten Informationen versorgt zu werden, für uns selbst?

Wir stolpern als hilflose Wesen durch die Welt und sind quasi vollkommen aufgeschmissen, sobald uns die digitalen Gedächtnisspeicher einmal nicht zur Verfügung stehen. Diese Effekte zeigen sich auch in der Veränderung von Hirnfunktionen und sensorischen Wahrnehmungen. Egal um welches Wissensgebiet es sich handelt – die erste Reaktion unseres Gehirns ist: »Google fragen«, ein Nachdenken über die Frage auf inhaltlicher Ebene und ob ich mir die Antwort vielleicht sogar selbst herleiten könnte, rückt in den Hintergrund. Wie stark diese Verknüpfung von »etwas wissen wollen« und »Internet fragen« mittlerweile ist, zeigt auch die Untersuchung der Psychologen Betsy Sparrow, Jenny Liu und Daniel M. Wegner[54]: Studienteilnehmer,

54 Sparrow, B., Liu, J., & Wegner, D. M. (2011). Google effects on memory: Cognitive consequences of having information at our fingertips. Science, 333(6043), 776–778.

denen Wissensfragen gestellt wurden, reagierten in Reaktionszeittests sehr viel stärker auf die Namen von Internetsuchmaschinen wie Google oder Yahoo als auf andere Marken wie beispielsweise Nike. Die verkürzten Reaktionszeiten zeigen: hier besteht bereits eine feste Verknüpfung im Gehirn. Der Homo technologicus hat gelernt, auf Fragen aller Art mit »Suchmaschine« zu antworten. So gibt es für den Homo technologicus auch keine Notwendigkeit mehr, sich tiefergehend in ein Wissensgebiet einzuarbeiten. Wenn man das Wissen dann wirklich brauchen sollte, kann man ja immer noch das Internet fragen.

Die Hirnforschung zeigt auch, wie die Verarbeitung kortikaler Reize geprägt ist durch die Techniknutzung[55]. So hat der hochentwickelte Homo technologicus deutlich empfindlichere Daumen als die Mitbürger, die weniger häufig mit Touchscreens interagieren. Interessanterweise variiert die Sensitivität der Daumenspitze sogar von Tag zu Tag, je nachdem, wie intensiv die Smartphone-Nutzung ausfällt. Dies zeigt wieder einmal die enormen Anpassungsleistungen, die unser Gehirn tagtäglich vollbringt. Besorgniserregend ist allerdings, dass ein hohes Ausmaß an neuronaler Plastizität auch mit negativen Effekten einhergeht, wie beispielsweise der Dystonie, einer Bewegungsstörung, die sich durch unwillentliche Verkrampfungen und Fehlhaltungen äußert.[56]

Moderne Fitnesstipps

Sich geistig fit halten heißt somit heute vor allem, sich in der Technik nicht vollkommen zu verlieren. Moderne Fitness-Tipps

55 Gindrat, A. D., Chytiris, M., Balerna, M., Rouiller, E. M., & Ghosh, A. (2015). Use-dependent cortical processing from fingertips in touchscreen phone users. Current Biology, 25(1), 109–116.

56 Quartarone, A., Siebner, H. R., & Rothwell, J. C. (2006). Task-specific hand dystonia: can too much plasticity be bad for you? Trends in Neurosciences, 29(4), 192–199.

sind an die potenziellen Defizite des Homo technologicus angepasst. So bringen Zeitschriften wie Women's Health neben Work-outs für Bauch, Beine, Po und Rezepten für den 1500-Kalorien-Tag auch Hinweise, »um das Hirn auf Trab zu halten, ohne sich disconnecten zu müssen«. Der Artikel »Mit Handy, aber ohne Hirn?« von Melanie Khoshmashrab (in der Ausgabe vom Juni 2015) berichtet, dass Tech-Gadgets hervorragend für den Alltag, für unser Kurzzeitgedächtnis aber ein wahrer Fluch sind: »Denn durch sie verlernen wir das Denken.« Die Tipps zur Rückeroberung unserer Fähigkeiten reichen vom Trainieren des Orientierungssinns ohne Navi bis hin zur bewussten Entscheidung für ein Fotomotiv. Dies soll helfen, eine Erinnerung zu schaffen, die auch später noch abgerufen werden kann – und soll Datenleichen auf Smartphones, Digitalkameras, Instagram- und Pinterest-Profilen vorbeugen. Ja, so sehen sie aus, die Fitness-Tipps von heute. Was eine Selbstverständlichkeit sein sollte, nämlich nur Dinge zu fotografieren, mit denen man sich bewusst auseinandersetzt und die man als besonders erinnernswert beurteilt, das muss heute erst wieder erlernt werden.

Ähnlich äußert sich auch Alexander Markowetz in seinem Buch »Digitaler Burnout«: Das Smartphone hat unsere kulturellen Verhaltensregeln überfahren. Nach der Einführung des Smartphones müssen wir jetzt lernen, damit umzugehen.

Moderne Phänomene/Syndrome

Es entstehen neue Syndrome wie das Phantom-Vibration-Syndrom, das vermeintliche Wahrnehmen eines Vibrationsalarms des Smartphones, obwohl dieses tatsächlich gerade einmal wirklich nichts zu verkünden hat. In einer Studie von 2012[57]

57 Drouin, M., Kaiser, D. H., & Miller, D. A. (2012). Phantom vibrations among undergraduates: Prevalence and associated psychological characteristics. Computers in Human Behavior, 28(4), 1490–1496.

über die Häufigkeit dieses Syndroms bei College-Studenten waren ganze 89 Prozent von Phantom Vibrationen betroffen, im Durchschnitt traten sie alle zwei Wochen auf. Sie wurden von der befragten Population jedoch nicht als störend oder behandlungsbedürftig empfunden. Für den Homo technologicus gehören technikgeprägte Fehlwahrnehmungen demnach einfach zum Alltag und machen die Spezies zu dem, was sie ist.

Moderne Therapieansätze

Sollte die Handynutzung jedoch selbst das vom Homo technologicus noch als gesund empfundene Maß übersteigen, helfen neue Therapieansätze. Ein Beispiel ist das *NoPhone*, ein Stück Plastik in Handyform, das allerdings rein gar nichts kann. Es soll Handy-Süchtigen das Gefühl vermitteln, ein Smartphone dabei zu haben und den schlimmsten Entzugserscheinungen vorbeugen – gleichzeitig aber in die reale Welt zurückführen, indem es den Kontakt zur digitalen Welt verschließt. Der Erfolg des NoPhones war überwältigend, das Projekt auf Kickstarter war innerhalb von achtundvierzig Stunden finanziert. So gibt es das NoPhone mittlerweile sogar in einer zweiten Variante – beim Selfie-Modell befindet sich auf der Rückseite des Plastikblocks ein Spiegel.

Wer Komplettentzug noch scheut, dem ist mit der App Menthal Balance (https://menthal.org) geholfen. Die App für digitale Diät wurde von einem interdisziplinären Team aus Informatikern und Psychologen an der Universität Bonn entwickelt und ermöglicht eine Dokumentation und kritische Reflexion des eigenen Smartphone-Verhaltens. Die Forscher sehen dies als Hilfe zur Selbsthilfe und als einen möglichen Grundstein für einen nachhaltigen digitalen Lebensstil.

HANDELN UND RITUALE

Das Handeln des Homo technologicus ist geprägt durch Multitasking. Ausgestattet mit Smartphone, Tablet, Fernseher, Notebook und vielleicht auch noch einem klassischen Desktop-PC hat er alle Möglichkeiten und nutzt diese bevorzugt gleichzeitig. Dieses Verhalten wird von Herstellern auch gezielt gefördert, beispielsweise durch Second-Screen-Anwendungen, welche Online-Aktivitäten mittels Laptop, Tablet oder Smartphone parallel zum laufenden Fernsehprogramm anregen wollen. Second-Screen-Apps versorgen den Zuschauer mit begleitenden Informationen zur Sendung, bieten Foren zum Austausch mit anderen Zuschauern oder bieten die Chance, über Zuschauerfragen und Kommentare aktiv ins Geschehen einer Talkshow einzugreifen. Studien zeigen allerdings, dass die wenigsten der ausgeführten Second-Screen-Aktivitäten tatsächlich einen Bezug zur Sendung haben, der Anteil liegt hier bei maximal 15 Prozent. Viel häufiger beschäftigt sich der Homo technologicus am Zweitbildschirm mit Dingen, die von der aktuellen Fernsehsendung vollkommen unabhängig sind, wie beispielsweise E-Mails (63 Prozent), sozialen Netzwerken wie Facebook (51 Prozent), Informationen über das Fernsehprogramm (49 Prozent) oder Onlineshopping (42 Prozent). Dies geht aus einer Studie der SevenOne Media, die vor allem Werbezeiten für TV-Sender vermarktet, unter eintausendzehn Befragten aus dem Jahr 2013 hervor[58].

Wie viel der Homo technologicus dann tatsächlich vom laufenden Fernsehprogramm mitbekommt, ist fraglich. Unglücklicherweise hinkt sein Gehirn den technischen Möglichkeiten

58 SevenOneMedia: Der Second Screen als Verstärker. Repräsentative Studie zur parallelen Nutzung von TV und Internet. https://wirkstoff.tv/docs/default-source/second_screen_verstaerker-pdf

noch hinterher. »Das Smartphone spiegelt uns vor, wir wären zu Multitasking fähig, aber unser Gehirn ist nicht auf parallele Verarbeitung programmiert«, gibt auch Christian Montag, Professor für Psychologie an der Universität Ulm, in einem Interview mit der Süddeutschen Zeitung im Dezember 2015 zu bedenken[59]. Dementsprechend sieht er das Smartphone insgesamt auch eher als Produktivitätskiller. Sein abschließender Rat lautet: »Wir müssen anders mit den Geräten umgehen. Vieles, was wir am Smartphone machen, ist unnötig. Es kommt zwar unserem Urbedürfnis entgegen, sozial eingebunden zu sein – deswegen sind die Social-Media-Anwendungen auch so erfolgreich. Aber die drei Stunden am Tag fehlen uns für echtes Miteinander. Wir bringen uns damit um sehr schöne Momente.«

Auch Alexander Markowetz, Informatikprofessor an der Uni Bonn, steht dem Multitasking kritisch gegenüber. Mit seinem Team hat er eine App zur Aufzeichnung des Handverhaltens entwickelt und damit eine große Zahl von Nutzerdaten ausgewertet. Besorgniserregend sind für ihn vor allem die hohe Zahl an Unterbrechungen von Tätigkeiten und die damit einhergehende Fragmentierung des Alltags. Ganze achtundachtzig Mal pro Tag wenden wir uns dem Smartphone zu – also quasi andauernd. Das entspricht durchschnittlich achtzehn ungestörten Minuten bis zum nächsten Smartphone-Check, Konzentration sieht anders aus.

Neben dem Phänomen des Multitasking lassen sich im Alltag des Homo technologicus auch zahlreiche neue Rituale und automatisierte Verhaltensweisen erkennen. Technik formt unser Verhalten und unsere Umgangsformen. Das kannten auch schon unsere Vorfahren. So brachte der Videorekorder eine neue Freiheit in den Alltag. Keine Entscheidung mehr zwi-

---

59 http://www.sueddeutsche.de/karriere/psychologie-professor-christian-montag-im-interview-produktivitaetskiller-smartphone-1.2779801

schen Lieblingssendung und Ausgehen – erst Ausgehen, und nach der Rückkehr die aufgezeichnete Sendung genießen. Gleichzeitig gehen aber etablierte Rituale kaputt. Es gibt keine Notwendigkeit mehr, sich genau am Mittwochabend mit den Freunden zum Anschauen der gemeinsamen Lieblingsserie zu treffen. Man kann solche Treffen beliebig verschieben, aufschieben, vielleicht finden sie auch gar nicht mehr statt. Und auch das Sehen der Sendung selbst hat sich verändert. Man lässt sich nicht mehr so darauf ein wie auf das Liveprogramm. Es wird gequatscht, und zwischendrin schiebt man noch eine Pizza in den Ofen. Alles kein Problem, man kann ja alles beliebig oft unterbrechen und hin- und herspulen. Ob das nun besser oder schlechter ist als vorher, sei dahingestellt – feststeht, die Rituale verändern sich.

Das Handlungsrepertoire des Homo technologicus hat sich nun noch in vielen weiteren Bereichen verändert, ist gezeichnet durch eine Reihe neuer Skripte, also gelernter Reiz-Reaktions-Ketten. Viel zitiertes Beispiel ist die gelernte Antwortreaktion auf permanent eintrudelnde Textnachrichten auf dem Smartphone. Der Preis für die ständige digitale Verbundenheit sind Beeinträchtigungen des emotionalen Wohlbefindens und eine Zunahme von Schlafproblemen[60].

Ein typisches Beispiel ist auch der automatisierte Griff zur Kamera, sobald der Homo technologicus sich einer Sehenswürdigkeit oder einem potenziell erinnernswerten Moment nähert, wie bereits in Kapitel 2 geschildert. Die Wahrnehmung im Moment wird dabei oft vergessen. »Man hält alles fest, aber hingucken tut man kaum«, beschreibt es auch Leon, ein Teilnehmer aus unserer Interview-Studie. Problematisch wird es dann, wenn ein voll entwickelter Homo technologicus auf einen noch

60 Murdock, K. K. (2013). Texting while stressed: Implications for students' burnout, sleep, and well-being. Psychology of Popular Media Culture, 2(4), 207.

traditionell orientierten Vertreter der Spezies Mensch trifft, diesen womöglich sogar bittet, Platz zu machen, weil er oder sie »im Bild« steht. Entrüsteter Kommentar von Katharina hierzu: »Ich denke, ich habe das gleiche Recht, etwas nur mit den Augen zu genießen!«

PRODUKTBEZIEHUNG UND QUALITÄTSMASSSTÄBE

Der Homo technologicus ist es gewohnt, alles in digitaler Form zu konsumieren. Bücher, Musik, Fotos – all dies ist nicht mehr anfassbar, sondern gespeichert auf dem Rechner, dem Smartphone oder in der Cloud. Mittels Streaming kann man Musik und Videos dann genießen, wenn man es möchte, kein Grund mehr, die Wohnung wie früher mit Videokassetten oder später mit CDs oder DVDs vollzustopfen, die man einmal und nie wieder hört oder ansieht. Im Internet existiert alles in grenzenloser Vielfalt. Es gibt keine Notwendigkeit mehr, sich für ein oder zwei Alben der Lieblingsband zu entscheiden, man holt sich einfach gleich das komplette Werk eines Künstlers. Und dazu noch alle weiteren Alben, die einem von anderen Hörern empfohlen wurden. Auch Besitztümer wie Tagebücher gibt es kaum noch in haptischer Form, stattdessen schreibt man einen Blog. Das alles ist sehr praktisch, denn der Homo technologicus benötigt eigentlich kaum noch Platz für persönliche Dinge. Ihm genügt eine kleine Wohnwabe mit guter Internetverbindung und natürlich unbegrenzter Online-Speicher.

Eine besondere Beziehung zu Produkten wie beispielsweise der ersten Schallplatte, wie seine Vorfahren es noch hatten, ist dem Homo technologicus fremd. Die Digitalisierung hat ein Überangebot geschaffen, welche das einzelne Gut entwertet, die Identifikationsfunktion von Produkten und auch das Produkt an sich in seiner Gestalt verändert. Der Homo technologicus hört nicht mehr wie seine Vorfahren ein Album, also eine CD oder Schallplatte am Stück, sondern bunt gemixte Playlists. Wie das Cover eines Albums aussieht, weiß er oft gar nicht. Er überlegt nicht: Für welche Musik gebe ich in diesem Monat mein Geld aus, was ist es mir wert? Für seine Vorfahren verlief diese Wahl bewusster. Hinter jeder Musikkassette steckte eine Geschichte. Viele Nachmittage wurden damit verbracht, von Klassenkameraden für einen Tag verliehene Platten in Echtzeit auf Kassetten zu überspielen. Persönliche Mixed Tapes wurden zusammengestellt, waren oft ein beliebtes Geschenk für enge Freunde, um diese an der eigenen Lieblingsmusik teilhaben zu lassen. Auch der Homo technologicus teilt Musik mit Freunden, aber im großen Stil. Es geht nicht um einzelne Platten, die überspielt werden, sondern um Sammlungen im Umfang von Tausenden von Schallplatten. Kein Wunder, dass man da auch schon mal den Überblick verlieren kann, und am Ende vielleicht gar nicht mehr weiß, auf welchen Wegen diese ganzen Titel auf unserer Festplatte gelandet sind. Damit sagt das, was der Homo technologicus in seiner Musiksammlung hat, auch immer weniger über ihn selbst aus. Die Weisheit: »Zeig mir deine Plattensammlung und ich sag dir, wer du bist«, gilt nicht mehr. Der Homo technologicus zieht da lieber das Facebook-Profil zu Rate.

EINSTELLUNGEN ZU ZEIT UND ABLENKUNG, ARBEIT UND FREIZEIT

Einen schönen Einblick in den veränderten Umgang des Homo technologicus mit der Zeit gibt das Buch »Time is honey: Vom klugen Umgang mit der Zeit«. Verfasser sind Karlheinz und Jonas Geißler, die mit ihrem Institut für Zeitberatung Privatpersonen und Unternehmen unterstützen und einen Beitrag zur Optimierung des »timeholdervalues« leisten wollen. Die Autoren beschreiben, wie Technik unsere einstige Taktung durcheinanderbringt. Beispielsweise durch die Auflösung von Übergangssituationen, Situationen zwischen zwei Tätigkeiten. Die Wichtigkeit dieser potenziellen Leerräume liegt darin, dass sie uns Orientierung bieten, Marker für Körper und Geist sind, das Bisherige abzuschließen und sich dem Nächsten zuzuwenden. Wie beispielsweise der Weg von der Bushaltestelle zum Arbeitsort, als Chance für den bewussten Übergang von Freizeit zu Berufsleben, wie wir es in Kapitel 2 beschrieben haben. Diese Momente werden im Leben des Homo technologicus vollends von der Technik aufgesaugt, jeder Leerraum wird mit telefonieren, chatten, fotografieren oder Musik hören gefüllt. Die Kultur des Anfangens und Beendens sei verloren gegangen und wurde ersetzt vom übergangslosen Ein- und Ausschalten, so die Autoren. Als einen entscheidenden Störfaktor für bisherige Zeit-Beziehungen machen sie das Internet aus: »Im Internet hat das auf infinite Zeitverkürzung und Zeitverdichtung zielende Prinzip der wirtschaftlichen Rationalität sein ideales Medium gefunden. [...] Das Netz durchlöchert, verflüssigt und eliminiert einen Großteil aller konventionellen Zeitarrangements.« Auch mit Pausen als Zeiträume des Nach- und Vorausdenkens, als Spielräume der Fantasie, als Möglichkeit des Ab- und Umschaltens ist es im Zeitalter des Homo technologicus' vorbei. Den produktiven Umgang mit der Langeweile hat diese Spezies darüber verlernt und schafft es damit auch gleichzeitig, jeder Beschäftigung mit sich selbst und bedeutsamen Fragen über das Leben aus dem Weg zu gehen. Wenn sich doch einmal ein Leerraum auftun sollte, »dann liegt es nahe, das Smartphone aus der Tasche zu ziehen und mal nachzusehen, ob jemand eine SMS geschickt hat, oder durch einen Knopfdruck auf eine der herumliegenden Fernbedienungen das bedrohliche Selbst und alle Sinnfragen auf Sicherheitsabstand zu bringen«. In diesem

Zusammenhang warnen die Autoren auch noch einmal vor der Langeweile-Vertreibungs-Agentur Internet und geben den abschließenden Rat: »Was immer Sie gegen die Langeweile tun: Lassen Sie es!«

So ist der Homo technologicus also weit weniger sich selbst ausgeliefert, als es noch seine Vorfahren waren. Er kommt selten in die Verlegenheit, eine Frage über sich selbst oder das Leben tatsächlich durchdenken zu müssen. Allein YouTube reicht aus, um ein Leben mehr als komplett zu füllen. Pro Minute kommen mehr als vierhundert Stunden Videomaterial neu hinzu[61], über eine Milliarde Nutzer sichern den laufenden Nachschub[62].

Wenn er auch Sinnfragen erfolgreich umschiffen kann, so ist der Homo technologicus aber doch stärker als seine Vorfahren darin gefordert, eine Trennung zwischen Arbeit und Freizeit zu etablieren. Was in Festnetzzeiten noch eine logische Konsequenz war – nach Feierabend und im Urlaub schlicht nicht erreichbar zu sein –, ist für den Homo technologicus nur in Ausnahmefällen denkbar. Der Grundzustand hat sich umgedreht, online sein ist die Standardeinstellung. Will der Homo technologicus für sich sein, muss er dies erst technisch herbeiführen. Früher griff man zum Telefon, wenn man Kontakt suchte. Der Homo technologicus muss das Telefon ausschalten, um Ruhe zu finden.

Allerdings warnen viele Vertreter seiner Spezies auch explizit vor dem Abschalten des Smartphones, insbesondere im Urlaub, da dieses doch letztlich mehr Stress als Erholung bringe. So rät beispielsweise Frank Behrendt, laut eigener Aussage »tiefenentspannter« Vorstand der Kommunikationsagentur fischerAppelt[63], davon ab, sich mittels Abwesenheitsnotiz auf

---

61 http://www.googlewatchblog.de/2015/07/aktuelle-statistiken-youtube-pro/

62 https://www.youtube.com/yt/press/de/statistics.html

63 http://www.spiegel.de/karriere/berufsleben/agenturchef-frank-behrendt-10-tipps-fuers-entspannte-berufsleben-a-1055766.html

dem Mail-Account Abstand von der Arbeit zu verschaffen. Für ihn sei es stressiger, vor dem Urlaub Übergaben zu machen und nach dem Urlaub alles wieder aufarbeiten zu müssen. Für ihn sei es kein Ding, im Urlaub unter Palmen eben auch Mails zu checken und die wichtigen weiterzuleiten oder kurz zu beantworten. Er sagt: »Ab- und Umschalten kann man trainieren – und zwar im Kopf, nicht am Gerät.« Zwar gibt er dann auch zu, dass es paradox scheint, zur Entspannung im Urlaub Firmen-E-Mails zu lesen. Und er weiß, dass er an dieser Stelle nur für sich selbst sprechen kann. »Andere können vielleicht besser entspannen, wenn sie das Handy im Urlaub abschalten«, so Behrendt.

Anscheinend verfügt Manager Behrendt über die Fähigkeit, trotz ständiger Erreichbarkeit entspannt zu bleiben, und kann diese in für ihn gesunder Weise in sein Leben integrieren. Mit dieser ungewöhnlichen Kompetenz stellt er allerdings eine Ausnahme dar, die für den Homo technologicus keineswegs selbstverständlich ist. Tatsächlich ist die technikgeprägte Spezies von der Technik weiterhin oftmals überfordert, und schafft es eben nicht »im Kopf umzuschalten«.

Das Dilemma, Ruhe zu brauchen, aber gleichzeitig nicht abschalten zu können, thematisierten auch die Teilnehmer unserer Interviewstudie, als sie dazu befragt wurden, ob und unter welchen Umständen sie ihr Smartphone auch mal abschalten würden. Eine typische Wahrnehmung beschreibt hier das Statement von Klaus: »Für mich selber ist es ehrlich gesagt ein komisches Gefühl [das Handy ausschalten]. Ausmachen ist für mich ausgeloggt sein [...] also wie ein Abschneiden von der Außenwelt.« Leon berichtet: »Mein Umfeld würde mir Vorwürfe machen.« Und Katharina gibt an: »Dass ich nichts Wichtiges verpasse, das ist der Hauptgrund [es nicht abzuschalten].« Gleichzeitig ist sich Katharina auch der Einschnitte in ihre Erholung und Freizeitgestaltung bewusst: Sie habe »nicht genug Entspannung und tatsächliche Freizeitbeschäftigung durch die schlechte Gewohnheit, immer draufzugucken. Man ist nie ganz entspannt und anwesend.« Dennoch lautet ihre Bilanz: »Ich könnte zwar meine Freizeit mehr genießen [wenn ich es ausschalten würde], aber ich bin eigentlich zufrieden mit dem Deal.«

SELBSTWAHRNEHMUNG UND SELBST-DARSTELLUNG

Auch die Selbstwahrnehmung des Homo technologicus folgt über durch Technik vermittelte Maßstäbe. Ein maßgeblicher Faktor für den Selbstwert ist das Facebook-Profil. In ihrer Studie mit dem schönen Titel »Mirror, mirror on my Facebook wall« konnten die Forscher Amy Gonzales und Jeffrey Hancock feststellen, dass die Betrachtung des eigenen Facebook-Profils bei den Studienteilnehmern mit einem gesteigerten Selbstwertgefühl einherging. Als besonders effektives Mittel zur Selbstwertsteigerung erwiesen sich die Editierung der eigenen Profilseite und die damit einhergehende sorgfältige Auswahl von Informationen, die man für die eigene Selbstdarstellung als zuträglich ansieht. Ein weiteres interessantes Detail der Studie: Teilnehmer, welche sich nur mit dem eigenen Facebook-Profil beschäftigten, verfügten anschließend über einen höheren Selbstwert als diejenigen, die im Rahmen der Studie auch die Profile anderer Nutzer betrachteten. Keinesfalls sollte der Homo technologicus also den Fehler machen, nach der Bearbeitung des eigenen Profils noch das Profil anderer Facebook-User zu besuchen. Dies könnte den gerade erarbeiteten Boost fürs Selbstbewusstsein gleich wieder zunichtemachen.

Je nach Persönlichkeitsstruktur sind bestimmte Arten von Posts besonders hilfreich für das Wohlbefinden des Homo technologicus. Die Studie eines Forscherteams an der Brunel University London untersuchte Zusammenhänge zwischen Inhalten von Facebook-Posts und Persönlichkeitsmerkmalen[64].

Extravertierte Persönlichkeiten berichten vornehmlich über soziale Aktivitäten. Personen mit hohen Werten auf der Dimension Offenheit nutzen die Plattform gerne als Mittel zum Austausch über intellektuelle Themen und zur Verbreitung ihrer politischen Ansichten – tatsächlich soziale Kontakte zu knüpfen, spielt für sie eine nachrangige Rolle. Narzisstisch veranlagte Persönlichkeiten berichten gerne über persönliche Erfolge und untermauern diese mit entsprechenden Fotos, beispielsweise aus dem Fitnessstudio. Personen mit eher geringem Selbstwertgefühl berichten auf Facebook gerne über ihren Partner und nutzen die Plattform so als eine Form der Beziehungsbestätigung.

Facebook ist die Plattform zur Definition unseres Selbst. Hier bestimmt der Homo technologicus, wie andere ihn sehen und wie er selbst sich sieht und fühlt.

Auch bestehen bereits erste Einsichten zu geschlechtsspezifischen Unterschieden in der digitalen Selbstdarstellung des Homo technologicus. Eine Studie des Psychologen Piotr Sorokowski und Kollegen[65] ergab, dass Frauen generell mehr Selfies posten als Männer. Das Selfie-Verhalten von Männern hängt hingegen stärker von individuellen Persönlichkeitsmerkmalen wie Narzissmus ab. Eine weitere Studie unter männlichen Vertretern der Spezies zeigte neben dem Zusammenhang von Selfies und Narzissmus auch eine stärkere Ausprägung von psy-

---

64 Marshall, T. C., Lefringhausen, K., & Ferenczi, N. (2015). The Big Five, self-esteem, and narcissism as predictors of the topics people write about in Facebook status updates. Personality and Individual Differences, 85, 35–40.

65 Sorokowski, P., Sorokowska, A., Oleszkiewicz, A., Frackowiak, T., Huk, A., & Pisanski, K. (2015). Selfie posting behaviors are associated with narcissism among men. Personality and Individual Differences, 85, 123–127.

chopathischen Zügen[66]. Die Männer mit psychopathischen Zügen scheinen hierbei sogar so überzeugt von sich selbst zu sein, dass sie keine Zeit für die Optimierung ihrer Bilder verschwenden, sondern sie unbearbeitet und schön, wie sie sind, ins Netz stellen.

Als das Mittel zur Selbstdarstellung schlechthin hat das Phänomen Selfie nochmals gesonderte Beachtung verdient. Die mittels Smartphone-Kamera aufgenommenen Selbstporträts sind eine der beliebtesten Formen der Mitteilung des Homo technologicus – ständig beglückt er seine Mitmenschen mit seinem Gesicht in Nahaufnahme. Auch wissenschaftliche Studien haben Zusammenhänge und mögliche Motivationen für das exzessive Verbreiten von Selfies bereits erforscht. In ihrem Artikel »Let Me Take a Selfie« von 2015 in der Fachzeitschrift Psychology of Popular Media Culture fanden Christopher Barry und Kollegen Hinweise darauf, dass das Posting von Selfies auf der Plattform Instagram besonders unter Nutzern mit vielen Followern verbreitet ist. Klingt logisch: Wer weiß, dass er von anderen wahrgenommen und beachtet wird, der will vor allem sich selbst präsentieren. Je mehr Aufmerksamkeit, umso mehr rückt das Selbst in den Vordergrund. Digitale Medien wie Instagram und Facebook machen es für den Homo technologicus leichter, in so eine Situation zu kommen, als das noch für seine Vorfahren der Fall war – die hätten sich ganz schön was einfallen lassen müssen, um das eigene Foto Tausenden Betrachtern vor Augen zu führen.

Weitere interessante Einblicke zum Selfie-Verhalten des Homo technologicus und den zugrundeliegenden Motivationen liefert unsere Befragung unter sechsundachtzig Smartpho-

66 Fox, J., & Rooney, M. C. (2015). The Dark Triad and trait self-objectification as predictors of men's use and self-presentation behaviors on social networking sites. Personality and Individual Differences, 76, 161–165.

ne-Nutzern. Im Fokus dieser Studie standen die Emotionen, die mit der Aufnahme von Selfies verbunden sind, assoziierte Charaktereigenschaften sowie allgemein wahrgenommene Vor- und Nachteile. Trotz der weiten Verbreitung von Selfies – alle bis auf eine Person gaben an, schon mal ein Selfie gemacht zu haben – fiel die Zustimmung für Selfies eher verhalten aus, zumindest wenn es sich um Selfies anderer Personen handelte. Diese führen zu weniger positiven Emotionen als eigene Selfies und werden häufig mit Selbstverliebtheit assoziiert. Auf die Frage, über welche Art von Foto einer nahestehenden Person sie sich am meisten freuen, nannten die Teilnehmer vorrangig ein Foto einer besonderen Begebenheit oder einen Schnappschuss aus dem Alltag. Das Selfie stand an letzter Stelle. Die negative Wirkung auf andere wurde dementsprechend auch als allgemein größter Nachteil von Selfies genannt.

Gleichzeitig nennen die Teilnehmer viele praktische Gründe für die Aufnahme eigener Selfies. Ein naheliegender Vorteil des Selfies ist es beispielsweise, ohne fremde Hilfe ein schnelles Foto von sich selbst machen zu können. Hoch im Kurs steht auch die Spiegel-Funktion der Selfie-Kamera, für den schnellen Schmink- oder Pickelcheck. Kurz gefasst: Alle machen Selfies und haben dafür gute Gründe – kaum einer will sie wirklich sehen. Eine mögliche Erklärung für dieses paradoxe Verhalten könnte der sogenannte »fundamentale Attributionsfehler« sein, wie ihn der Sozialpsychologie Lee Ross in den Siebzigerjahren beschrieb. Wir haben generell eine Tendenz dazu, das eigene Verhalten eher mit der Situation zu begründen (die Umstände führen mich dazu, ein Selfie zu machen), das Verhalten anderer aber eher auf internale Faktoren wie deren Charakter zu attribuieren (Leute, die dauernd Selfies posten sind selbstverliebt – total nervig).

Eine weitere nachdenklich stimmende Selfie-Anekdote zum Abschluss: Auch Stars haben unter dem Selfie-Wahn des Homo technologicus zu leiden. So klagte beispielsweise Wolfgang Niedecken, Frontmann der Kölsch-Rock-Band BAP, in der Talkshow »Bettina und Bommes« im Januar 2016 sein Leid: Diese ganzen Selfies, die von den Fans gemacht werden, verhinderten es, mit den Leuten ins Gespräch zu kommen. Früher sei das alles lockerer gewesen, man hätte auch noch was über die Menschen erfahren können. Heute gehe es jedem nur noch darum, ein Selfie mit ihm zu ergattern. Man muss fürs Foto stillhalten und das war's dann.

ZUKUNFTSVISIONEN

Wie es weitergehen könnte ...

»Prognosen sind schwierig, besonders wenn sie die digitale Zukunft betreffen.«
Niels Bohr (geringfügig angepasst)

Die in den vorherigen Kapiteln beschriebenen Phänomene und deren Auswirkungen für unser Glück sind nur eine Momentaufnahme. Unsere Analyse des Wechselspiels von Technik und Glücksempfinden ist damit jedoch noch lange nicht am Ende angelangt: Technologischer Fortschritt pausiert nicht. Er nimmt auf nichts Rücksicht, nicht einmal auf das Glück der Menschen, für die er da sein sollte.

Die nächsten »Big Things« kommen bestimmt, und unzählige Startups wollen mit technischen Innovation zu Geld und Ruhm gelangen. Selten werden hier beim Eintritt in den Markt ausführliche Prognosen zu den Konsequenzen dieser Technologien für den Menschen getroffen. Was interessiert, ist die technische Möglichkeit. Oftmals noch gepaart mit dem Argument: »Wenn wir es nicht auf den Markt bringen, dann tut es ein anderer.«

Wenn man es als Technologie-Konzern an die Spitze geschafft hat, dann kann man es sich auch erlauben, die Dinge ein wenig kritischer zu diskutieren. So gibt beispielsweise Telekom-Chef Timotheus Höttges zu bedenken, dass das Tempo der Technik für den Menschen oft zu schnell sei und diese den Menschen überhole. In einem Interview auf Zeit Online im Januar 2016[67] diskutiert er neben Möglichkeiten und Freiheiten durch Robotertechnik und selbst fahrende Autos auch die Überforderung der Menschen durch die Technik im Alltag: »Ich glaube schon, dass sich unsere Gesellschaft durch das Netz noch beschleunigt hat und der Mensch da mit seiner Adaptionsfähigkeit hinterherhinkt. Insbesondere für ältere Menschen ist das ein echtes Problem: Meine Mutter ist 86 Jahre alt und kämpft mit ihrem iPad.« Auch die ständige Erreichbarkeit sieht er kritisch, selbst für den Telekom-Chef hat es einen Wert, das Telefon einfach mal abzuschalten: »Ich suche mir Momente des absoluten Rückzugs, in denen ich weder erreichbar bin noch mich durch die Möglichkeiten des Internets ablenken lasse.« Und er spricht sich für eine verantwortungsvolle Abwägung der Konsequenzen von technischen Neuerungen aus, eine Ethikkommission zum Umgang mit Big Data beispielsweise. Er kritisiert die im Silicon Valley vorherrschende Mentalität des »Alles, was technisch möglich ist, ist gut« und die Deklaration von gesetzeswidrigen technischen Innovationen als »zivilen Ungehorsam«. Dem stellt er sich entgegen: »Meine persönliche Meinung ist: Nicht alles, was technisch möglich ist, sollte gemacht werden.« Dem können wir uns nur anschließen.

In den folgenden Abschnitten laden wir den Leser ein, einen Blick in die Zukunft zu werfen und am Beispiel sich abzeichnender technologischer Trends und Entwicklungen über Konse-

67 http://www.zeit.de/2016/01/zukunftsvisionen-timotheus-hoettges-roboter-technik

quenzen für unser Glückserleben zu spekulieren und herauszufinden, was man persönlich tun kann, um nicht inmitten des rasanten technischen Fortschritts unterzugehen.

TECHNOLOGISCHE TRENDS UND ENTWICKLUNGEN

Beginnen wir mit einem harmlosen Beispiel. Für die einen ist es eine Randnotiz, für andere längst überfällige Freiheit: Die Roaming-Gebühren sollen schrittweise immer weiter reduziert und letztendlich ganz abgeschafft werden. Endlich europaweites Telefonieren und Internet zu zeitgemäßen Preisen. Mit der gewonnenen Freiheit wird aber für manch einen auch ein Stück Erholungseffekt verloren gehen. Die Begründung: »Ich konnte nicht ans Telefon gehen, ich war im Ausland«, zählt nicht mehr. Die bekannten sozialen Zwänge zur sofortigen Beantwortung von Anrufen und Chats haben wir dann überall. So muss niemand mehr Rücksicht darauf nehmen, wo sich der andere gerade aufhält. Gleiche Regeln überall, das macht es einfacher.

Auch an anderen Stellen wird unser Leben noch einfacher werden. Zum Beispiel das Smartphone als Haustürschlüssel oder Türöffner des Autos. Naheliegend, ein Objekt zu nehmen, das man ohnehin ständig in der Hand hält. Auch Bezahlsysteme per Handy sind bereits entwickelt, wenn auch noch nicht etabliert: Den Sechs-Euro-XXL-Kaffee beim Röster seiner Wahl stilvoll per Vorhalten seines Luxus-Smartphones bezahlen – Hipster-Träume gehen in Erfüllung. Und das Smartphone hat sich einen weiteren Lebensbereich erobert. Noch bequemer wird der Bezahlvorgang, wenn wir unsere digitale Identität mittels Chip unter die Haut implantiert haben. Natürlich lässt sich dieser Chip nicht nur für Bezahlvorgänge nutzen, der Fantasie sind keine Grenzen gesetzt. Niemals mehr disconnected – wirklich niemals.

Überhaupt werden wir nur noch selten in unserem Alltag mit lästigen Tätigkeiten konfrontiert sein, Roboter um uns herum übernehmen all das, was eben anfällt an praktischen Tätigkeiten. Auch in öffentlichen Einrichtungen werden wir kaum noch Bedienstete antreffen und uns stattdessen mit Robotern unterhalten. Im Henn na Hotel in Japan (www.h-n-h.jp) ist es bereits soweit: Empfang, Kofferträger, Reinigung – alles wird von Robotern unterschiedlicher Gestalt erledigt. Maximale Effizienz lautet die Vision des Hotelbetreibers. An der Rezeption warten ein humanoider Roboter und ein Dino-Roboter auf die Gäste. Im Vergleich dazu wirken die Kofferträger-Roboter und der Roboter-Arm, der sich um das Gepäck kümmert, bis das Zimmer bezugsbereit ist, eher unspektakulär.

Empfang im Henn na Hotel in Japan (Foto von Huis Ten Bosch)

Wir kümmern uns um Ihr Gepäck! Service-Roboter im Henn na Hotel in Japan (Foto von Huis Ten Bosch)

Verdeckte Interaktion

Nicht jede technische Innovation setzt sich gleich mit voller Schlagkraft durch. Ein wenig ruhig geworden ist es beispielsweise um Google Glasses, jene Datenbrille, die das Internet quasi direkt vor die Augen bringt. Mit Glasses wäre es für jedermann möglich, die Realität mit Informationen aus dem Internet anzureichern. Praktisch, wenn man bei der Besichtigung von Sehenswürdigkeiten parallel dazu lesen kann, was Wikipedia über deren Historie zu sagen hat. Auch praktisch, wenn man beim Date mit dem Schwarm aus der Online-Partnerbörse dezent und beiläufig noch einmal das Chatprotokoll oder die Profil-Informationen durchgehen kann, damit man überhaupt weiß, wen man da gerade trifft. Auch in Bewerbungsgesprächen könnte es hilfreich sein, schnell noch ein paar Fakten zur Unternehmensgeschichte nachschlagen zu können. Mit Google Glasses lässt sich quasi vollkommen frei und unvorbereitet durchs Leben ziehen. Ein Traum, könnte man meinen.

Google Glasses war offensichtlich kein Erfolg – und dies lag in erster Linie an dem Szenario, das in den Medien skizziert wurde: dass schon bald jeder mit so einer Brille umherläuft, jederzeit Fotos seiner Mitmenschen macht und sich private Informationen anzeigen lässt. Das war unserer Gesellschaft zu viel, auch wenn sie nicht grundsätzlich für ihren sensiblen Umgang mit personenbezogenen Daten bekannt ist.

Allerdings ist Glasses damit nicht abgeschrieben. Die Technik wird ein paar Jahre in der Schublade schlummern, bis die Zeit reif ist und dann – natürlich mit verbesserten Features – auferstehen. Welche Folgen es haben wird, zu jeder Zeit durch eine Brille zu sehen, die das Gesehene mit Informationen aus dem Internet anreichert – und welche Informationen das sind, wird sich zeigen. Die Dynamik ist noch schwer abschätzbar.

Bevor die Google Glasses volle Präsenz zeigen, wird es eine Reihe unscheinbarer Gadgets geben, die uns alle ein Stück weit mehr mit dem Internet verbinden. Smartwatches und andere »Wearables« sind bereits auf dem Markt, obwohl ihre Nutzer sie häufig nur dafür verwenden, sich anzeigen zu lassen, dass auf ihrem Smartphone eine neue Nachricht für sie wartet.

Bei einer Befragung unter Nutzern von Smartwatches[68] wollte man wissen, worin sie den essentiellen Mehrwert der Smartwatch sehen – ein Smartphone hat man ja schon und die Watch alleine ist nicht funktionsfähig. Überwiegende Antwort: Das Lesen von Kurznachrichten in Situationen, in denen Smartphone-Nutzung unerwünscht ist. Das muss man kurz sacken lassen: Die Killer-Applikation dieser Uhren ist es also, an Informationen vom Smartphone zu kommen, wenn die gesellschaftliche Übereinkunft uns vorschreibt, keine Smartphones zu nutzen. Wir sind wieder mitten im Agenten-Szenario angelangt. Statt die Vorgabe, keine Smartphones zu nutzen, zu akzeptieren, wird diese Vorgabe umgangen. Auf den Gedanken, dass es nicht so sehr um die Smart-

68 Gockel, B., Sackmann, T. & Müller, C., (2015). Kommunikation von Verbundenheit mittels Smartwatch. In: Diefenbach, S., Henze, N. & Pielot, M. (Hrsg.), Mensch und Computer 2015 – Proceedings. De Gruyter Oldenbourg, 331–334.

phones an sich, sondern den Grad der Aufmerksamkeit geht, der damit gebunden wird, kommen die Smartwatch-Agenten nicht.

Eine Lücke gibt es allerdings noch: den Rückkanal. Nachrichten empfangen ist kein Problem, senden aber sehr wohl – vor allem wenn man unentdeckt bleiben möchte und es hinreichend schnell gehen soll. Aber auch hierfür sind bereits Konzepte in der Warteschleife, die von einem unserer Kollegen als »Covert Interaction« bezeichnet werden – versteckte Interaktion. Ob das Geklopfe der Hand auf dem Bein oder rhythmisches Anheben der Zehenspitzen: Viele unauffällig erscheinende Verhaltensweisen sind geeignet, um als Eingabe-Input zu dienen. Nachrichten werden auf der Uhr gelesen, Antwort wird durch Geklopfe auf dem Hosenkeyboard geschickt. Stellen Sie sich bitte ein Meeting mit Smartphone-Verbot vor, bei dem alle Teilnehmer mit ihren geheimen Interaktionsformen beschäftigt sind. Undenkbar? Warten wir es ab.

Besitztümer und Definition des Selbsts in der virtuellen Welt

Die zunehmende Digitalisierung transformiert auch unsere Beziehung zu Produkten und damit auch die Möglichkeiten zur Definition unseres Selbsts. Dies beschreibt Russell W. Belk, Professor für Marketing an der Schulich School of Business, York University, in seinem Artikel »Extended Self in a Digital World«. Belk nimmt hierbei Bezug auf sein früheres Werk »Possessions and the Extended Self« von 1988, in dem er die zentrale Rolle von Besitztümern als Ergänzung unseres Selbsts aufzeigt. Seitdem haben sich wesentliche Aspekte verändert. Durch die Digitalisierung von Büchern, Fotos und Songs wurden diese Objekte »dematerialisiert«, sie existieren nicht mehr als singuläre, anfassbare Objekte in unserem Wohnzimmer. Die Digitalisierung ermöglicht es, ein Buch unbegrenzt zu vervielfältigen und zu teilen, was ungemein viele Vorteile bietet. Unsere Beziehung zu diesen digitalen Gütern ist jedoch nicht mehr die gleiche wie die Beziehung zu den Objekten in unserem Wohnzimmer. Aspekte wie Einzigartigkeit oder Angst vor Verlust sind in der digitalen Welt nicht mehr vorhanden. Die Lieblingsplatte hatte irgendwann ihre persönlichen Spuren. Wenn man sie verliehen hat, dann nur mit vielfachen Hinweisen, doch bitte sorgsam damit umzugehen. Ging sie bei einem Umzug in irgendeiner Kiste verloren, dann war sie weg. Das alles hat die Beziehung zur Lieblingsplatte noch enger gemacht. All diese Sorgen gibt es heute nicht mehr.

Ein weiterer Aspekt, den Belk diskutiert, ist die Veränderung der identitätsstiftenden Wirkung unseres Besitzes. An die Stelle von materiellen Objekten, die wir mit uns herumtragen und mithilfe der wir symbolische Botschaften über uns selbst an die Umwelt versenden, treten mehr und mehr virtuelle Objekte, wie auch das Facebook-Profil oder ein persönlicher Blog. Ein interessanter Aspekt ist hierbei, dass diese virtuellen Besitztümer uns nicht allein »gehören«, sondern von anderen mitgestaltet werden. Durch Postings, Tags und Kommentare auf unserer Seite nehmen andere Einfluss auf die Gestaltung unserer Selbstpräsentation. Die Selbstdefinition wird zur Ko-Konstruktion.

Nimmt man an, dass sich diese Trends noch verstärken, so werden die virtuellen Besitztümer irgendwann das Einzige sein, was noch bedeutsam ist, und reale, anfassbare Produkte nur noch pragmatische Funktion haben. Dann gibt es keinen Lieblingspullover mehr, kein Kuscheltier, kein Poster an der Wand. Alle Energie fließt in den virtuellen Raum, hier müssen wir uns wohlfühlen. Wir haben Lieblings-Selfies und kümmern uns um virtuelle Haustiere und Gärten. Letzteres tun bereits Millionen Nutzer mit Begeisterung und pflegen ihren virtuellen Bauernhof in FarmVille. Fraglich ist noch, wie konkret die Zukunft der Selfies aussieht, die bislang ja meist noch in der realen Welt aufgenommen werden. Wenn es hier nun rein gar nichts mehr zu erleben geben sollte, müssen eben Selfies vor dem eigenen

Facebook-Profil hier. Oder so ähnlich. Wir hoffen, dass es niemals soweit kommen wird.

Virtual Reality total: Endlich den Traumpartner finden

Der Versuch, die Grenzen zwischen digitaler und realer Welt immer weiter zu verwischen, findet sich in der Konstruktion virtueller Realitäten. Mittels Brille, Helm, Kopfhörern und diversem weiteren Equipment werden alle Reize aus der realen Welt abgeschirmt und stattdessen eine künstliche Welt vorgespiegelt, durch die man sich bewegen und mit der man interagieren kann. Die Möglichkeiten sind theoretisch grenzenlos. Das Konzept existiert schon seit einigen Jahrzehnten, doch hat es nie wirklich zum Durchbruch gereicht. Was fehlt, sind die Inhalte – eine Killer-Applikation.

Wenn man der britischen Partnerbörse eHarmony glaubt, könnte die Zukunft der Partnersuche diese Killer-Applikation sein. In ihrem Report[69], der die Zukunft des Online-Datings beschreibt, wird man dann keine Fotos oder Videos mehr austauschen: Man wird sich direkt in der virtuellen Realität treffen. Die Messlatte ist hoch gesteckt: Das vollsensorische virtuelle Treffen soll keine Sinneskanäle vernachlässigen – Sehen, Hören, Fühlen, Schmecken, Riechen –, alles soll realitätsgetreu erlebt werden. Um dies zu bewerkstelligen, wurde errechnet, welche Bandbreite für alle Kanäle in der Summe notwendig wäre. Als Ergebnis nennt der Report das Jahr 2040: In diesem Jahr übersteigt die Datenbandbreite die kritische Grenze und einer Begegnung in der virtuellen Realität, die von einer realen kaum zu unterscheiden ist, soll nichts mehr im Wege stehen.

eHarmony sieht sehr großes Potenzial für Partnerbörsen und virtuelle Realität. Nach ihren Schätzungen werden im Jahre

---

69 http://www.eharmony.co.uk/dating-advice/wp-content/uploads/2015/11/eHarmony.co_.uk-Imperial-College-Future-of-Dating-Report-20401.pdf

2040 etwa 70 Prozent aller Beziehungen auf eine Form von Online-Kommunikation zurückzuführen sein.

Eine neue Weltordnung

Bislang sind dies noch Zukunftsvisionen. Wir sollten aber die potenzielle Macht einer anfangs spielerisch eingesetzten Technologie niemals unterschätzen. Technik kann alles verändern, quasi eine neue Weltordnung schaffen. Der Journalist Peter Glaser beschreibt dies am Beispiel von Facebook. In seinem Artikel »Der blaue Planet« in der Süddeutschen Zeitung im Januar 2016 analysiert er, wie die sozialen Medien die alte Welt in ihre Bestandteile zerlegen und diese dann neu zusammensetzen. Er beschreibt, wie das Unternehmen Facebook überall auf der Welt die Art und Weise, wie Menschen miteinander umgehen, umgekrempelt hat. Die Übernahme der Weltherrschaft durch Facebook datiert er auf Ende 2015 – tatsächlich ist Facebook mit 1,59 Milliarden aktiven Nutzern im Dezember 2015 auch das größte »Land« der Erde. Wem, wenn nicht Facebook, sollte also die Weltherrschaft zustehen. So wundert es auch nicht, dass viele Menschen in Indien, Brasilien oder Indonesien Facebook für »das Internet« halten, die digitale Welt fernab von Facebook ist ihnen kein Begriff. Glaser beschreibt den Effekt von Facebook auf unser Leben als eine virtuelle Kernspaltung: »Strukturen und Bündelungen, die bisher für sozialen, wirtschaftlichen oder kulturellen Zusammenhalt gesorgt haben, werden aufgeknackt in ihre Bestandteile. Die Moleküle, die uns bisher zu einer Gemeinschaft verbunden haben, zerfallen in ihre Atome. Das Musikalbum wird atomisiert zu Tracks, die im Netz nur noch einzeln gekauft werden. Zeitungen zerfleddern zu einzelnen Artikeln, die wie Konfetti durch die sozialen Medien rieseln. Lieblingsstellen aus Büchern und Filmen werden als Schnipsel – Snippets – oder Zweiminuten-Clips auf Youtube und Facebook gestellt.«

So schafft Facebook also in allen möglichen Bereichen eine neue Sicht auf die Dinge, die ursprünglichen Zusammenhänge der alten Welt sind für die Facebook-Bewohner nicht mehr bekannt und auch nicht mehr wichtig.

Zwischen all den philosophischen Überlegungen weist Peter Glaser in seinem Artikel auch vehement auf die Motivation von Facebook als börsennotiertes Privatunternehmen hin: Facebook sei kein soziales Gebilde, auch wenn es sich so nennt. Wie alle multinationalen Firmen werde Facebook eher wie ein totalitäres Regime geführt denn wie ein demokratisches Staatswesen. Und die vermeintliche neue Öffentlichkeit auf Facebook sei auch kein öffentlicher Raum. Das Hausrecht liegt bei Facebook: »Es ist wie in einem Einkaufszentrum: Wenn dem Betreiber die Nase eines Besuchers nicht passt, kann er ihn vor die Tür setzen«, beschreibt es Glaser. Zu den Hausregeln zählt beispielsweise auch, dass hier mit Privatsphäre anders umgegangen wird als anderswo, so dürfen beispielsweise Profilbilder der Nutzer für Werbezwecke genutzt werden. Wer genug davon hat und das Land Facebook verlassen möchte, sollte sich genau überlegen, wohin er ausreist. Auch Alternativen wie Instagram und WhatsApp gehören mittlerweile zum Facebook-Universum.

Eine neue Ära des Technik-Trainings

Ein nicht zu verkennender weiterer Trend ist, dass sich die Gesellschaft der Herausforderungen und Risiken durch moderne Technik und ständige Vernetzung zunehmend bewusst wird. Dies zeigen beispielsweise spezifische Kursangebote, die uns im Umgang mit der vielen Technik im Alltag unterstützen wollen. Im Trend sind nicht mehr Weiterbildungen, die uns den praktischen Umgang mit Technik lehren – wie funktioniert die Technik? –, sondern Weiterbildungen, die uns lehren, wie wir unser Glück vor der Technik in Sicherheit bringen können – wie funktionieren wir trotz Technik? So findet sich im Veranstaltungsangebot des LMU Center of Leadership Management in diesem Jahr auch ein Kurs mit dem Titel »On or Off? Fluch und Segen ständiger Erreichbarkeit«. Uni-Beschäftige sollen lernen, Informations- und Kommunikationsmedien so zu nutzen, dass sie helfen, statt zu stressen. Vielleicht folgen in Zukunft andere Anbieter mit weiteren Angeboten, »Partnersuche trotz Tinder – wie lerne ich wieder Leute anzusprechen« oder »Ein Leben nach Facebook« könnten den Anfang machen.

WEGE ZUM GLÜCK

Die gute Nachricht: Die Zukunft muss nicht düster sein. Trotz oder auch gerade wegen der vielen Möglichkeiten der Technik. Jedes besorgniserregende Phänomen ist auch eine Möglichkeit. Sämtliche in den vorherigen Kapiteln definierten Unglücksregeln lassen sich auch zu positiven Glücksregeln umformulieren. Wir haben viele Möglichkeiten, unsere Zukunft zu gestalten und uns der Technik gegenüber so zu verhalten, wie es uns guttut. Helfen können uns dabei beispielsweise folgende Faustregeln:

Vermeintliche Vorteile der Technik kritisch betrachten

Wir sollten prüfen, ob das, was uns die Technik bietet, unser Leben tatsächlich bereichert, beziehungsweise bis zu welchem Ausmaß an Nutzungsintensität wir wirklich profitieren: Wo schaffen diverse Smartphone-Apps und technische Gadgets tatsächlich wohltuende Unabhängigkeit oder neue Fähigkeiten, helfen neue Räume zu erschließen, neue Fähigkeiten zu gewinnen und Fortschritt zu erleben? Und wo kehren sich die Verhältnisse um, wo macht die Technik abhängig, setzt mich die ständige Erreichbarkeit oder das plakative Glück der Facebook-User unter Druck, entwertet die Jagd nach Instagram-Likes die wahre Kunst meiner Fotografie, habe ich verlernt, Momente auch ohne Dokumentation per Selfie genießen zu können?

Early-Adopter beobachten

Wir müssen nicht alles erst selbst ausprobieren, um dann überlegen zu können, ob es uns guttut. Auch die Beobachtung von sogenannten Early-Adopters, also Mitmenschen, die mit zu den ersten Nutzern neuer Technologien zählen, ermöglicht uns bereits erste Abschätzungen. Wie geht es der Kollegin, die jetzt seit vier Wochen Anhängerin der Quantified-Self-Bewegung ist? Hat ihr der Einblick in sämtliche Vitalfunktionen geholfen, ein gesünderes Leben zu führen? Wirkt sie glücklicher? Wirkt sie gestresst? Welche Erfahrungen mit dem Bloggen gibt es im Bekanntenkreis? Wer betreibt seinen Blog auch noch nach einem Jahr? Wie viele konnten ihrer unabhängigen idealistischen Motivation treu bleiben, wie viele machen mittlerweile Bloginhalte unter Mitgestaltung von Werbepartnern? Was berichten Nutzer von Apps, die digitale Technik zur Verbindung in der realen Welt nutzen, indem sie deren aktuellen Aufenthaltsort von Chatpartnern oder Facebook-Freunden offenbaren (zum Beispiel Nearby Friends von Facebook, Meine Freunde suchen von Apple). Wer verzichtet in der Urlaubszeit auf die Abwesenheitsnotiz, um sich den Stress nach der Rückkehr zu ersparen – und wie erholt wirkt der oder diejenige nach dem »Urlaub«? Beim Lernen von Early-Adoptern kommt es also nicht nur darauf an, was diese selbst über ihre Techniknutzung sagen. Vielleicht sind sie selbst in Fallen getappt, ohne es zu merken, bereits verstrickt in die Routinen der Technik, und haben ihre ursprünglichen Ziele längst vergessen. Als Außenstehender können Sie die Situation nüchtern und mit Abstand betrachten. Und dann Ihre eigenen Schlüsse ziehen: Wollen Sie mit einsteigen oder sich dem technischen Fortschritt an dieser Stelle zum Wohle Ihres Glücks lieber noch etwas verweigern?

Alltagsroutinen analysieren und überschreiben

Ein weiterer Schritt ist es, eigene Alltagsroutinen einmal genauer unter die Lupe zu nehmen und bewusst zu entscheiden, von welchen Einflüssen der Technik wir uns möglicherweise frei machen wollen. Die Einladung zum Experiment, die wir in Kapitel 5 in Bezug auf die digitale Kommunikation ausgesprochen haben, lässt sich auf alle Bereiche erweitern. Schon allein die Analyse, wie viele Momente unseres Alltags direkt oder indirekt durch Technik geprägt sind, kann überraschen – und nebenbei auch Spaß machen. Wie viele Beispiele in diesem Buch gezeigt haben, schafft Technik oft routinierte, automatisierte Handlungsabfolgen, sogenannte Skripte, die schließlich niemand mehr hinterfragt. Man sieht etwas Schönes, das Handy wird rausgeholt und geknipst, was das Zeug hält, egal um was es geht. Es gibt sogar Leute, die versuchen, ein Feuerwerk zu filmen – was, wenn nicht ein Feuerwerk, ist für das Genießen im Moment bestimmt? Alte Skripte, wie zum Beispiel, sich in solch einem schönen Moment an der Hand zu nehmen und die Begeisterung zu teilen, werden dadurch zunehmend verdrängt. Die Hand an meiner Seite ist schon belegt, der Fokus der Aufmerksamkeit auf der perfekten Kameraeinstellung.

Das Gute an Routinen: Sie lassen sich verändern. Was man gelernt hat, lässt sich auch wieder überschreiben. Wer also Skripte identifiziert hat, die er in kleinerem oder größerem Rahmen verändern möchte, muss nur die bewusste Entscheidung treffen, diese bestenfalls auch mit seinen Freunden zu teilen. Wie aus der Psychologie der Handlungskontrolle bekannt, funktioniert Verhaltensänderung am besten, wenn diese in Form konkreter Wenn-Dann-Verknüpfungen formuliert werden, sogenannten Implementation Intentions, wie es der Motivationspsychologe Peter Gollwitzer bezeichnet. Gemeinsam fällt es dann noch leichter, sich im Moment des auslösenden Ereignisses auch an die geplante neue Routine zu erinnern. Das könnte also heißen: WENN wir an einen bemerkenswerten Ort kommen, DANN gönnen wir uns zunächst zwei Minuten nur fürs gemeinsame Wahrnehmen und Erleben im Moment. Danach folgt dann die technische Dokumentation.

Vom Erlebnis ausgehen

Eine weitere Hilfestellung, um Potenzial für Glückssteigerung und neue Routinen zu identifizieren, kann sein, nicht von der Technik, sondern vom Erlebnis auszugehen. Sich bewusst zu machen, auf was man sich eigentlich freut, wie man sich fühlen möchte, und dann zu überlegen, auf welche Weise Technik dies am besten unterstützen kann – oder dem entgegensteht. So haben wir es in unserem letzten Urlaub gemacht. Beim Abendspaziergang an der Strandpromenade stellt sich die Frage: nehmen wir die Kamera mit? Mal war die bewusste Antwort: Ja, wir haben Lust auf ein bisschen Knipsen und wollen dabei die Umgebung entdecken. Mal war die bewusste Antwort: Nein, wir wollen einfach nur einen entspannten Abend haben, haben keine Lust, im Scanner-Modus unterwegs zu sein. Selten passiert es dann, dass ein Moment kommt, in dem man denkt: Mist, jetzt keine Kamera dabei, das wäre ein cooles Foto geworden! Aber das Bild prägt sich dann doppelt gut im Kopf ein und alles ist in Ordnung. Bei der Radtour dann die Frage: Nehmen wir das Navi mit? Passt eigentlich nicht so gut, wir wollen uns als Inselentdecker fühlen, Abenteuer erleben. Kompromiss: Wir schalten nur den Kartenmodus ein, sehen die Höhenlinien und Wegverläufe unserer nächsten Umgebung, aber lassen den Navigationsmodus aus. Den Weg versuchen wir auf eigene Faust zu finden, sofern es überhaupt schon ein definiertes Ziel gibt. Für uns eine gute Kombi aus Sicherheit und Abenteuer. Technik als Bereicherung, aber nur soweit, wie sie uns reicher macht. Sie schenkt uns Sicherheit für den Notfall, aber lässt uns unser Entdeckergefühl.

SCHLUSSGEDANKEN

Mit unseren Betrachtungen in diesem Buch möchten wir uns an ein breites Publikum wenden: An diejenigen, die sich in ihrer eigenen Wahrnehmung bestätigt fühlen und die erlebten Schattenseiten des technischen Fortschritts hier nochmals plastisch beschrieben finden. An diejenigen, die unsere Besorgnis über die zunehmende Verdrängung unseres einstigen Glücks nicht nachvollziehen können, weil das neue, digitale Glück genau das ist, was sie wirklich glücklich macht. An diejenigen, die das paradoxe Streben nach Glück einfach zum Schmunzeln finden, und in den Geschichten eine unterhaltsame Lektüre sehen. Und an die neugierig Interessierten, die unsere Betrachtungen als Anregung zum Diskutieren und Weiterdenken sehen, vielleicht sogar einen der vorgeschlagenen Selbstversuche starten.

Unabhängig von der Ausgangsposition des Einzelnen will unser Buch Futter zum Nachdenken bieten. Erweiterte Einblicke in die Konsequenzen der Technik in unserem Alltag, den Spagat zwischen realem und digitalem Glück und ein Verständnis dieser Aspekte aus psychologischer Sicht: Warum es nur allzu verständlich ist, dass wir tagtäglich Stunden unserer Lebenszeit für WhatsApp opfern, wenn dies die Norm und damit Zeichen der Zugehörigkeit innerhalb unseres Freundeskreises ist. Warum wir uns immer wieder Belohnung durch einen Facebook-Besuch versprechen, obwohl wir ihn in der Mehrzahl der Fälle im Nachhinein als Zeitvergeudung betrachten und uns weniger glücklich als vorher schätzen. Warum wir unsere direkten Gesprächspartner so oft vor den Kopf stoßen, obwohl wir es doch nur allen recht machen wollen, digitalen und real anwesenden Kommunikationspartnern. Warum Technik auf den ersten Blick verführerisch einfache Möglichkeiten bietet, uns selbst perfekt in Szene zu setzen und unser Selbstwertgefühl zu pushen, dies aber leider nicht mehr funktioniert, sobald auch unsere Mitmenschen über die gleichen Möglichkeiten verfügen, und sich die Vorteile wieder aufheben. Warum Technik hervorragende Möglichkeiten bietet, uns zu motivieren und sportliche Fortschritte zu belohnen. Warum mit der Explosion und exzessiven Nutzung technischer Möglichkeiten aber auch immer Defizite zu verbuchen sind, auf der Seite von Gesundheit und Erholung, der Wahrnehmung unserer Umgebung, der Fähigkeit, aus Leerräumen Kreativität erwachsen zu lassen, des respektvollen Umgangs mit den Mitmenschen außerhalb der aktuellen digitalen Kommunikation, und der Intensität des Austauschs mit einzelnen Freunden. Reales und digitales Glück in optimaler Weise zu verbinden, bleibt eine Aufgabe, die jeder für sich selber lösen muss. Wir hoffen, wir konnten mit diesem Buch jedoch Unterstützung liefern. Eine Grundlage, anhand der nun jeder Leser selbstbewusst entscheiden kann, wo er welcher Art von Glück den Vorrang geben möchte.

HMM, UND WAS MACHEN WIR JETZT MIT DIESEM NUTZLOSEN SELFIE-STICK?
ZUFÄLLIG KENNE ICH EINE NÜTZLICHE VERWENDUNG DAFÜR!
M. Arnade

LITERATUR

Abelson, H., Ledeen, K., & Lewis, H. (2008). Blown to bits: your life, liberty, and happiness after the digital explosion. Addison-Wesley Professional.

Angerstein, S. (2015). »Hört endlich auf, nach Babys zu fragen«. Grazia, 8/2015, S. 72.

Ariely, D., & Norton, M. I. (2009). Conceptual Consumption. Annual Review of Psychology, 60, 475–499.

Asch, S. E. (1956). Studies of independence and conformity: I. A minority of one against a unanimous majority. Psychological Monographs: General and Applied, 70(9), 1.

Baker, J. R., & Moore, S. M. (2008). Distress, coping, and blogging: Comparing new Myspace users by their intention to blog. CyberPsychology & Behavior, 11(1), 81–85.

Barry, C. T., Doucette, H., Loflin, D. C., Rivera-Hudson, N., & Herrington, L. L. (2015). »Let Me Take a Selfie«: Associations Between Self-Photography, Narcissism, and Self-Esteem. Psychology of Popular Media Culture. Advance online publication. http://dx.doi.org/10.1037/ppm0000089

Becker, A. (2015). Produktivitätskiller, Sucht- und Frust-Objekt: die schizophrene Beziehung der Deutschen zu ihrem Smartphone. http://meedia.de/2015/12/17/produktivitaetskiller-sucht-und-frust-objekt-die-schizophrene-beziehung-der-deutschen-zu-ihrem-smartphone/

Belk, R. W. (1988). Possessions and the Extended Self. Journal of Consumer Research, 15(2), 139–168.

Belk, R. W. (2013). Extended Self in a Digital World. Journal of Consumer Research, 40(3), 477–500.

Blasche, G. (2008). War Ihr Urlaub erholsam? Ergebnisse und Anwendungen der Erholungsforschung. Psychologie in Österreich, 3, 306–314.

Broniarczyk, S. M., & Griffin, J. (2014). Decision difficulty in the age of consumer empowerment. Journal of Consumer Psychology, 24 (4), 608–625.

Brooks, S. (2015). Does personal social media usage affect efficiency and well-being? Computers in Human Behavior, 46, 26–37.

Bucher, A. A. (2009). Psychologie des Glücks. Beltz.

Buchholz, S. (2015). Ein Hoch auf die Langeweile. mobil – Das Magazin der Deutschen Bahn (11/15), 72–73.

Burke, D., & Linley, P. A. (2007). Enhancing goal self-concordance through coaching. International Coaching Psychology Review, 2(1), 62–69.

Calvo, R. A., & Peters, D. (2013). The irony and re-interpretation of our quantified self. In Proceedings of the 25th Australian Computer-Human Interaction Conference: Augmentation, Application, Innovation, Collaboration. ACM Press, 367–370).

Chan, M. (2015). Multimodal Connectedness and Quality of Life: Examining the Influences of Technology Adoption and Interpersonal Communication on Well-Being Across the Life Span. Journal of Computer-Mediated Communication, 20(1), 3–18.

Chen, C.-Y., Forlizzi, J., & Jennings, P. (2006). ComSlipper. In Extended Abstracts on Human Factors in Computing Systems (CHI'06). ACM Press, 369–374.

Chen, W., & Lee, K. H. (2013). Sharing, liking, commenting, and distressed? The pathway between Facebook interaction and psychological distress. Cyberpsychology, Behavior, and Social Networking, 16(10), 728–734.

Chou, H. T. G., & Edge, N. (2012). »They are happier and having better lives than I am«: the impact of using Facebook on perceptions of others' lives. Cyberpsychology, Behavior, and Social Networking, 15(2), 117–121.

Chung, H., Lee, C.-H. J., & Selker, T. 2006. Lover's cups. In Extended Abstracts on Human Factors in Computing Systems (CHI'06). ACM Press, 375–380.

Desmet, P. M., & Pohlmeyer, A. E. (2013). Positive design: An introduction to design for subjective well-being. International Journal of Design, 7 (3), 2013.

Drouin, M., Kaiser, D. H., & Miller, D. A. (2012). Phantom vibrations among undergraduates: Prevalence and associated psychological characteristics. Computers in Human Behavior, 28(4), 1490–1496.

eHarmony.co.uk (2015). The Future of Dating: 2040. A Report by eHarmony.co.uk and Imperial College Business School. http://www.eharmony.co.uk/dating-advice/wp-content/uploads/2015/11/eHarmony.co_.uk-Imperial-College-Future-of-Dating-Report-20401.pdf

Epstein, D., Cordeiro, F., Bales, E., Fogarty, J., & Munson, S. (2014). Taming data complexity in lifelogs: exploring visual cuts of personal informatics data. In Proceedings of the 2014 conference on Designing interactive systems. ACM Press, 667–676.

Erskine, J., A K Georgiou, G., & J Kvavilashvili, L. (2010). I suppress, therefore I smoke. effects of thought suppression on smoking behavior. Psychological Science, 21(9), 1225–30.

Fox, J., & Rooney, M. C. (2015). The Dark Triad and trait self-objectification as predictors of men's use and self-presentation behaviors on social networking sites. Personality and Individual Differences, 76, 161–165.

Fuad-Luke, A. (2002). Slow design – a paradigm shift in design philosophy. Development by design, dyd02. Bangalore.

Gehlen, A. (1957). Die Seele im technischen Zeitalter: sozialpsychologische Probleme in der industriellen Gesellschaft. Rowohlt.

Geißler, K. A. & Geißler, J. (2015). Time is honey: Vom klugen Umgang mit der Zeit. Oekom.

Gindrat, A. D., Chytiris, M., Balerna, M., Rouiller, E. M., & Ghosh, A. (2015). Use-dependent cortical processing from fingertips in touchscreen phone users. Current Biology, 25(1), 109–116.

Glaser, P. (2016). Der blaue Planet. Süddeutsche Zeitung, 29.01.2016. http://www.sueddeutsche.de/politik/facebook-der-blaue-planet-1.2839438

Glogauer, W. (1999). Die neuen Medien machen uns krank: gesundheitliche Schäden durch Medien-Nutzung bei Kindern, Jugendlichen und Erwachsenen. Dt. Studien-Verlag.

Gockel, B., Sackmann, T. & Müller, C. (2015). Kommunikation von Verbundenheit mittels Smartwatch. In: Diefenbach, S., Henze, N. & Pielot, M. (Hrsg.), Mensch und Computer 2015 – Proceedings. De Gruyter Oldenbourg, 331–334.

Gollwitzer, P. M. (1999). Implementation intentions: strong effects of simple plans. American Psychologist, 54(7), 493.

Gonzales, A. L., & Hancock, J. T. (2011). Mirror, mirror on my Facebook wall: Effects of exposure to Facebook on self-esteem. Cyberpsychology, Behavior, and Social Networking, 14(1–2), 79–83.

Große-Hering, B., Mason, J., Aliakseyeu, D., Bakker, C., & Desmet, P. (2013). Slow design for meaningful interactions. In Proceedings of the SIGCHI Conference on Human Factors in Computing Systems. ACM Press, 3431–3440.

Hagen, L., Brown, M., Herdman, C. M., & Bleichman, D. (2005). The Costs and Benefits of Head-Up Displays (HUDs) in Motor Vehicles. In Proceedings of the 13th International Symposium on Aviation Psychology.

Hassenzahl, M. (2010). Experience design: Technology for all the right reasons. Synthesis Lectures on Human-Centered Informatics, 3(1), 1–95.

Hassenzahl, M., & Klapperich, H. (2014). Convenient, clean, and efficient?: the experiential costs of everyday automation. In Proceedings of the 8th Nordic Conference on Human-Computer Interaction: Fun, Fast, Foundational. ACM Press, 21–30.

Hassenzahl, M., Heidecker, S., Eckoldt, K., Diefenbach, S., & Hillmann, U. (2012). All you need is love: Current strategies of mediating intimate relationships through technology. ACM Transactions on Computer-Human Interaction (TOCHI), 19(4), 30.

Hentig, H. V. (1985). Das allmähliche Verschwinden der Wirklichkeit: ein Pädagoge ermutigt zum Nachdenken über die Neuen Medien. Hanser.

Hsee, C. K. (1999). Value seeking and prediction-decision inconsistency: Why don't people take what they predict they'll like the most?. Psychonomic Bulletin & Review, 6(4), 555–561.

Hsee, C. K., Yang, Y., Gu, Y., & Chen, J. (2009). Specification seeking: how product specifications influence consumer preference. Journal of Consumer Research, 35(6), 952–966.

Hsee, C. K., Yu, F., Zhang, J., & Zhang, Y. (2003). Medium maximization. Journal of Consumer Research, 30(1), 1–14.

Iyengar, S. S., & Lepper, M. R. (2000). When Choice is Demotivating: Can One Desire Too Much of a Good Thing? Journal of Personality and Social Psychology, 79(6), 995–1006.

Karasek, H. (1997). Hand in Handy. Hoffmann und Campe.

Kaye, J. (2006). I just clicked to say I love you: Rich evaluations of minimal communication. In Proceedings

Keinan, A. (2007). Productivity mindset and the consumption of collectable experiences (Doctoral dissertation, Columbia University).

Khoshmashrab, M. (2015). Mit Handy, aber ohne Hirn? Women's Health, 6/2015, 105–107.

Kim, J., LaRose, R., & Peng, W. (2009). Loneliness as the cause and the effect of problematic Internet use: The relationship between Internet use and psychological well-being. CyberPsychology & Behavior, 12(4), 451–455.

Kirkcaldy, B., & Furnham, A. (2000). Positive affectivity, psychological well-being, accident-and traffic-deaths and suicide: An international comparison. Studia Psychologica, 42, 97–104.

Kitz, V. (2015). Gebt's doch zu, Arbeit nervt! http://www.spiegel.de/karriere/berufsleben/volker-kitz-arbeit-muss-keinen-spass-machen-a-1036254.html

Klein, S. (2002). Die Glücksformel. Rowohlt.

Knop, K., Hefner, D., Schmitt, S., & Vorderer, P. (2015). Mediatisierung mobil. Handy- und Internetnutzung von Kindern und Jugendlichen. Schriftenreihe Medienforschung der Landesanstalt für Medien Nordrhein-Westfalen (LfM), Band 77. Vistas.

Krause, K. (2015). Facebooks psychische Störung. Zeit Online, 12/2015. http://www.zeit.de/entdecken/2015-12/social-media-depression-facebook-twitter

Kumar, A., & Gilovich, T. (2015). Some »thing« to talk about? Differential story utility from experiential and material purchases. Personality and Social Psychology Bulletin, 1–12.

Laschke, M., Diefenbach, S. & Hassenzahl, M. (2014). Raus aus der Komfortzone: Smarter als Smart Technologies. factory. Magazin für nachhaltiges Wirtschaften 3/2014, 42–47.

Lenz, E., Diefenbach, S., Hassenzahl, M., & Lienhard, S. (2012). Mo. Shared music, shared moment. In Proceedings of the 7th Nordic Conference on Human-Computer Interaction: Making Sense Through Design. ACM Press 736–741.

Lin, R., & Utz, S. (2015). The emotional responses of browsing Facebook: Happiness, envy, and the role of tie strength. Computers in Human Behavior, 52, 29–38.

Mander, J. (1979). Schafft das Fernsehen ab! Eine Streitschrift gegen das Leben aus zweiter Hand. Rowohlt.

Markowetz, A. (2015). Digitaler Burnout. Warum unsere permanente Smartphone-Nutzung gefährlich ist. Droemer.

Marshall, T. C., Lefringhausen, K., & Ferenczi, N. (2015). The Big Five, self-esteem, and narcissism as predictors of the topics people write about in Facebook status updates. Personality and Individual Differences, 85, 35–40.

Maslow, A. H. (1943). A theory of human motivation. Psychological Review, 50(4), 370.

Mischel, W. (2014). The marshmallow test: Mastering self-control. New York: Little Brown.

Most, S. B., & Astur, R. S. (2007). Feature-based attentional set as a cause of traffic accidents. Visual Cognition, 15(2), 125–132.

Mueller, F. 'Floyd', Vetere, F., Gibbs, M. R., Kjeldskov, J., Pedell, S., & Howard, S. (2005). Hug over a distance. In Extended Abstracts on Human Factors in Computing Systems (CHI'05). ACM Press, 1673–1676.

Murdock, K. K. (2013). Texting while stressed: Implications for students' burnout, sleep, and well-being. Psychology of Popular Media Culture, 2(4), 207.

Nunes, J. C., & Drèze, X. (2006). The endowed progress effect: How artificial advancement increases effort. Journal of Consumer Research, 32(4), 504–512.

of the Conference on Human Factors in Computing Systems. ACM, New York, NY, 363–368.

Ogawa, H., Ando, N., & Onodera, S. (2005). SmallConnection. In Proceedings of the 13th Annual ACM International Conference on Multimedia (MULTIMEDIA'05). ACM Press, 1073–1074.

Pea, R., Nass, C., Meheula, L., Rance, M., Kumar, A., Bamford, H., ... & Zhou, M. (2012). Media use, face-to-face communication, media multitasking, and social well-being among 8-to 12-year-old girls. Developmental Psychology, 48(2), 327.

Post, S. G. (2005). Altruism, happiness, and health: It's good to be good. International Journal of Behavioral Medicine, 12(2), 66–77.

Quartarone, A., Siebner, H. R., & Rothwell, J. C. (2006). Task-specific hand dystonia: can too much plasticity be bad for you? Trends in Neurosciences, 29(4), 192–199.

Reichertz, J. (2013). Glück als Konsumgut? Massenmedien und die Werbung als Produzenten von Glücksvorstellungen. tv diskurs 66, S. 38–43. http://fsf.de/data/hefte/ausgabe/66/reichertz_glueck_038_tvd66.pdf

Ross, L. (1977). The intuitive psychologist and his shortcomings: Distortions in the attribution process. In L. Berkowitz (Ed.), Advances in experimental social psychology (Vol. 10). Academic Press.

Russell, C. A., & Levy, S. J. (2012). The temporal and focal dynamics of volitional reconsumption: A phenomenological investigation of repeated hedonic experiences. Journal of Consumer Research, 39(2), 341–359.

Sagioglou, C., & Greitemeyer, T. (2014). Facebook's emotional consequences: Why Facebook causes a decrease in mood and why people still use it. Computers in Human Behavior, 35, 359–363.

Schwartz, B., Ward, A., Monterosso, J., Lyubomirsky, S., White, K., & Lehman, D. R. (2002). Maximizing versus satisficing: happiness is a matter of choice. Journal of Personality and Social Psychology, 83(5), 1178–1197.

SevenOne Media (2013). Der Second Screen als Verstärker. Repräsentative Studie zur parallelen Nutzung von TV und Internet. https://wirkstoff.tv/docs/default-source/second_screen_verstaerker-pdf

Sorokowski, P., Sorokowska, A., Oleszkiewicz, A., Frackowiak, T., Huk, A., & Pisanski, K. (2015). Selfie posting behaviors are associated with narcissism among men. Personality and Individual Differences, 85, 123–127.

Sparrow, B., Liu, J., & Wegner, D. M. (2011). Google effects on memory: Cognitive consequences of having information at our fingertips. Science, 333(6043), 776–778.

Spitzer, M. (2012). Digitale Demenz. Droemer.

Staw, B. M., Sutton, R. I., & Pelled, L. H. (1994). Employee positive emotion and favorable outcomes at the workplace. Organization Science, 5(1), 51–71.

Steppart, T. (2014). Ich bin der Troll. http://www.faz.net/aktuell/feuilleton/medien/hass-im-netz-ich-bin-der-troll-13139203.html

Tajfel, H., Billig, M. G., Bundy, R. P., & Flament, C. (1971). Social categorization and intergroup behaviour. European Journal of Social Psychology, 1(2), 149–178.

Thomée, S., Eklöf, M., Gustafsson, E., Nilsson, R., & Hagberg, M. (2007). Prevalence of perceived stress, symptoms of depression and sleep disturbances in relation to information and communication technology (ICT)

use among young adults – an explorative prospective study. Computers in Human Behavior, 23(3), 1300–1321

Thompson, D. V., Hamilton, R. W., & Rust, R. T. (2005). Feature fatigue: When product capabilities become too much of a good thing. Journal of Marketing Research, 42(4), 431–442.

Trudzinski, F. (2015). Body-Shaming! Jetzt wehren sich die Stars. Grazia, 8/2015, 64–65.

Tsujita, H., Siio, I., & Tsukada, K. (2007). SyncDecor. In Extended Abstracts on Human Factors in Computing Systems (CHI'07). ACM Press, 2699–2704.

Tügel, H. (2015). Vom Wert der Arbeit. Geo Wissen Nr. 53, 2015, 138–146.

Veenhoven, R. (2004). Happiness as an aim in public policy. In A. Linley & S. Joseph (Hrsg.): Positive Psychology in Practice. John Wiley & Sons, 658–678.

Vorderer, P., & Klimmt, C. (2016). Das neue Normal. Die Zeit, 28.01.2016, 33.

Wegner, D. M., & Pennebaker, J. W. (1993). Handbook of Mental Control. Prentice-Hall.

Werkmeister, M. (2010). ... und wann waren Sie das letzte Mal offline? petra 12/2010, 27–30.

Winn, M. (1979). Die Droge im Wohnzimmer: Für die kindliche Psyche ist Fernsehen Gift. Es gibt nur ein Gegenmittel: Abschalten!. Rowohlt.

Zöllner, U. (2004). Die Kunst der langen Weile: Über den sinnvollen Umgang mit der Zeit. © Kreuz Verlag in der Verlag Herder GmbH, Freiburg i. Br.

INTERVIEWS, REDEN, BLOGBEITRÄGE, VIDEOS

Maicher, C. (2015). Redebeitrag der Abgeordneten Claudia Maicher zum Antrag der Fraktion B90/Die Grünen: »Medienbildung für alle – Medienkompetenz-Initiative Sachsen starten«. 11. Sitzung des Sächsischen Landtags, 27.04.2015, TOP 8. http://www.claudia-maicher.de/zum-gruenen-antrag-medienbildung-fuer-alle-medienkompetenz-initiative-sachsen-starten/

»Darf ich... nicht perfekt sein?« (2015). Sendung des WDR vom 01.06.2015. http://www1.wdr.de/mediathek/video/sendungen/videodarfichnicht-perfektsein100.html

Behrendt, F. (2015). »Zehn ernsthafte Ratschläge, wie man locker durchs (Berufs-)Leben kommt. Vom tiefenentspannten fischerAppelt-Vorstand Frank Behrendt«. http://www.spiegel.de/karriere/berufsleben/agenturchef-frank-behrendt-10-tipps-fuers-entspannte-berufsleben-a-1055766.html

Bingham, E. (2015). https://www.facebook.com/emilybinghamwriter/

Braun, I. (2015). Erläuterungen zum Jugendwort des Jahres 2015 Smombie. http://www.sueddeutsche.de/kultur/deutsche-sprache-smombie-ist-das-jugendwort-des-jahres-1.2735599

Brooks, J. (2014). Designing The Perfect Daily Routine. http://comfortpit.com/designing-perfect-daily-routine/

Facebook-Knigge 2010, http://knigge-rat.de/freundschaft-auf-den-ersten-klick-knigge-rat-warnt-vor-naiver-gleichmacherei-in-sozialen-netzwerken/

Facebook-Knigge 2012, http://knigge-rat.de/privacy-knigge-schuetzt-die-privatsphaere-in-sozialen-netzwerken/

Facebook-Knigge 2015, http://knigge-rat.de/auf-facebook-blamiert-reagieren-sie-souveraen/

Guzman, C. de (2013). »I forgot my Phone«. https://www.youtube.com/watch?v=OINa46HeWg8#t=43

Handy-Knigge, http://www.knigge.de/themen/verschiedenes/handy-knigge-5385.htm

Höttges, T. (2015). »Der Unterschied zwischen Mensch und Computer wird in Kürze aufgehoben sein«. Interview mit Timotheus Höttges, geführt von Giovanni di Lorenzo. http://www.zeit.de/2016/01/zukunftsvisionen-timotheus-hoettges-roboter-technik

Miller, B. (2013). »Things You Do Online That Would Be Creepy In Real Life«, http://www.buzzfeed.com/bobbymiller/things-you-do-online-thatd-be-creepy-in-real-life

Montag, C. (2015). »Produktivitätskiller Smartphone«. Interview mit Christian Montag, geführt von Nicola Holzapfel. http://www.sueddeutsche.de/karriere/psychologie-professor-christian-montag-im-interview-produktivitaetskiller-smartphone-1.2779801, 14.12.2015

Niedecken, W. (2016). Auftritt in der Talkshow »Bettina und Bommes« am 29.01.2016. http://www.ndr.de/fernsehen/sendungen/bettina_und_bommes/Bettina-und-Bommes,sendung473822.html

Pfisterer, U. (2015). »Das Gesicht der Selbstinszenierung«. Interview mit Ulrich Pfisterer, geführt von Maximilian Burkhart und Martin Thurau. Einsichten – Das Forschungsmagazin, 2/15, S. 34–41.

Pickersgill, E. (2015). Fotoserie »Removed«. http://ericpickersgill.com/Removed

Schulze, H. (2015). http://www.heise.de/forum/heise-online/News-Kommentare/Permanenter-Kommunikationsdruck-Smartphones-stressen-Kinder/JEDES/posting-23770993/show/

Schwartz, B. (2005). The paradox of choice. www.ted.com/talks/barry_schwartz_on_the_paradox_of_choice

Sloterdijk, P. (2012). Der Mensch als homo technologicus. https://www.youtube.com/watch?v=-mVZbx0y6DA

Smith, C. (2015). By the Numbers: 40 Amazing WhatsApp Statistics. http://expandedramblings.com/index.php/whatsapp-statistics/

Smith, B. (2015). «Frustrated with Facebook? 5 tips tp Reclaim Your Sanity«. http://www.makeuseof.com/